DEUTSCHE AKADEMIE DER WISSENSCHAFTEN
ZU BERLIN

Forschungsgemeinschaft der naturwissenschaftlichen, technischen
und medizinischen Institute

ÜBER WISSENSCHAFTLICHE GRUNDLAGEN DER MODERNEN TECHNIK

Herausgegeben von

HANS FRÜHAUF · ROBERT ROMPE · KURT SCHRÖDER
ERICH THILO · HANS GUMMEL · HERMANN KLARE
EBERHARD LEIBNITZ

REIHE A: TAGUNGEN

BAND I

ELEKTROTECHNIK UND MASCHINENBAU

AKADEMIE-VERLAG · BERLIN

1961

ELEKTROTECHNIK UND MASCHINENBAU

Vorträge,
gehalten auf der Konferenz der Forschungsgemeinschaft der Deutschen Akademie der Wissenschaften zu Berlin am 8. und 9.12.1960 in Berlin-Adlershof

Mit 67 Abbildungen und 24 Tabellen

AKADEMIE-VERLAG · BERLIN
1961

Redaktion:

Wissenschaftliches Sekretariat der Forschungsgemeinschaft der Deutschen Akademie der Wissenschaften zu Berlin

Pressestelle der Deutschen Akademie der Wissenschaften zu Berlin

Erschienen im Akademie-Verlag GmbH, Berlin W 8, Leipziger Straße 3–4

Lizenznummer: 202 · 100/529/61

Gesamtherstellung: Druckhaus „Maxim Gorki", Altenburg

Bestellnummer: 2104/A/1/61

Printed in Germany

ES 20 H 1/20 K 1

Am 8. und 9. Dezember 1960 veranstaltete die Forschungsgemeinschaft der naturwissenschaftlichen, technischen und medizinischen Institute der Deutschen Akademie der Wissenschaften zu Berlin eine Konferenz „Über wissenschaftliche Grundlagen der modernen Technik — Elektrotechnik und Maschinenbau".

Diese Konferenz und die aus ihr resultierende vorliegende Arbeit sind Ausdruck des Verantwortungsbewußtseins dafür, daß die Akademie bei der Entwicklung und Festigung der wissenschaftlichen Grundlagen der Produktion wirksame Anstrengungen unternimmt.

Der dargebotene Band — Auftakt zu einer Schriftenreihe der Forschungsgemeinschaft der Akademie — setzt sich aus den Vorträgen namhafter Wissenschaftler und Praktiker zusammen, die

zu den Entwicklungstendenzen auf dem Gebiet der Elektronik,
zu Fragen moderner mathematischer Methoden in der Elektrotechnik und im Maschinenbau,
zu Problemen moderner physikalischer Analysenmethoden,
zu Gebieten neuer metallischer Werkstoffe für Elektrotechnik und Maschinenbau
sowie zu Kunststoffen mit besonderen physikalischen Eigenschaften

eine für Theorie und Praxis förderliche Auseinandersetzung und Verständigung einleiteten.

Am 21. April 1946 wurde die Sozialistische Einheitspartei Deutschlands durch Vereinigung der Kommunistischen Partei Deutschlands und der Sozialdemokratischen Partei Deutschlands gegründet.

Zur 15. Wiederkehr des Gründungstages der Sozialistischen Einheitspartei Deutschlands lege ich im Auftrage des Vorstandes der Forschungsgemeinschaft der Deutschen Akademie der Wissenschaften zu Berlin diese Arbeit als Würdigung der Leistungen, die für Frieden, Demokratie und Sozialismus von der Partei der geeinten Arbeiterklasse erbracht wurden, vor.

Berlin, 1. Februar 1961 *Hans Frühauf*

INHALTSVERZEICHNIS

Akademiemitglied Prof. Dr. ROBERT ROMPE

Direktor des Physikalisch-Technischen Instituts der Deutschen Akademie der Wissenschaften zu Berlin, Direktor des II. Physikalischen Instituts der Humboldt-Universität zu Berlin

VORTRAG ZUR ERÖFFNUNG DER KONFERENZ ÜBER WISSENSCHAFTLICHE GRUNDLAGEN DER MODERNEN TECHNIK

Gestatten Sie mir, Sie im Namen des Vorstandes der Forschungsgemeinschaft herzlichst zu begrüßen und Ihnen zu danken, daß Sie unserer Einladung so zahlreich gefolgt sind.

Ausgehend von den Arbeiten zur Vorbereitung des 9. Plenums des Zentralkomitees der SED und in Durchführung seiner Beschlüsse hat der Vorstand der Forschungsgemeinschaft es übernommen, einen Beitrag zur Ermittlung der Perspektive der technischen Wissenschaften mit einer Reihe von Konferenzen, auf denen die wissenschaftlichen Grundlagen der modernen Technik dargelegt und diskutiert werden sollen, zu liefern. Die Berechtigung zu diesem Vorgehen erweisen schon einige allgemeine Überlegungen.

Die Entwicklung des Maschinenbaues und der Elektrotechnik im internationalen Maßstab läßt einige Gesichtspunkte erkennen, die unseres Erachtens auch für die Zukunft dieser Gebiete in der Deutschen Demokratischen Republik von Bedeutung sein dürften.

Für die Beurteilung der Erzeugnisse des modernen Maschinenbaues und der Elektrotechnik — im weitesten Sinne des Wortes — haben sich in vielen Diskussionen kennzeichnende Begriffe ergeben, die, wenn sie die Dinge teilweise auch stark vereinfachen, doch eine gewisse Einschätzung des Standes der Technik ermöglichen; das sind:

1. Die Effektivität in bezug auf Raum und Gewicht — hierzu gehört z. B. der Komplex Leichtbau bei Fahrzeugen oder hohe spezifische Leistung bei Triebwerken oder Kompaktheit von Schaltungen.
2. Höchste Lebensdauer und Betriebssicherheit.
3. Größte Vereinfachung der Bedienung bis zur vollständigen Automatisierung.

Diese Begriffe sind weder voneinander unabhängig, noch immer miteinander verträglich. Jedes moderne technische Erzeugnis stellt einen Kompromiß von mindestens zwei dieser Begriffe dar.

Ganz allgemein ist eine zunehmende Durchdringung der gesamten Technik mit den Erkenntnissen und Arbeitsmethoden der Grundlagenwissenschaften — Mathematik, Physik und Chemie — zu verzeichnen. Es zeichnet sich immer mehr ab, daß als ökonomisch interessant schon solche Aufgaben angesehen werden, deren Entwicklung noch stark von der der Grundlagenwissenschaften abhängt und in dauerndem Fluß begriffen ist. Da der Wettbewerb um die Spitze auf dem Gebiete der Technik eine eminent politische und wirtschaftspolitische Bedeutung besitzt, ist dies durchaus verständlich. Die militärische Bedeutung der Spitzenleistungen der Technik ist hierbei nur eine Seite des Problems; die Höchstleistung im Einzelfall gilt als Ausweis für die Fähigkeit, eine moderne, rentable Massenproduktion industrieller Massenbedarfsgüter höchster Qualität und Zuverlässigkeit aufzubauen.

Um unter Berücksichtigung solcher für die Entwicklung der künftigen Technik zweifellos charakteristischen Gesichtspunkte optimale Lösungen zu finden, wird es erforderlich sein, in der Deutschen Demokratischen Republik die Entwicklung einer auf die Bedürfnisse der Technik orientierten Grundlagenforschung, einer „gezielten Grundlagenforschung", dort, wo sie schon da ist, sehr zu verstärken, dort, wo sie nicht vorhanden ist, in die Wege zu leiten. Es hat sich herausgestellt, daß auf einigen Gebieten die von der künftigen Technik geforderte Grundlagenwissenschaft bei uns noch nicht betrieben wird. Das ist mit einer der Gründe, der für uns als Vorstand der Forschungsgemeinschaft Veranlassung war, uns intensiv diesem Problem zuzuwenden.

Von dem gesamten Spektrum der Grundlagenforschung, die für die künftige Technik bereits nach unserem heutigen Stand der Erkenntnis zweifellos Bedeutung haben wird, behandeln wir heute auf unserer ersten Konferenz nur einen Ausschnitt, und zwar die Probleme:

Elektronik,
die Bedeutung der Mathematik für Maschinenbau und Elektrotechnik,
die Bedeutung moderner physikalischer Meßmethoden als Fundament für eine künftige Mechanisierung und Automatisierung der Produktion,
Fragen von Spezialwerkstoffen für Maschinenbau und Elektrotechnik verschiedenster Art.

In weiteren Konferenzen werden wir den Versuch unternehmen, dieses Spektrum zu vervollständigen. Nach Möglichkeit wollen wir zwei derartige Konferenzen im Jahre 1961 veranstalten, von denen die eine Fragen der chemischen Technik und die zweite der biologischen Technik gewidmet sein soll.

Einige Gebiete der auf die Bedürfnisse der Technik orientierten Grundlagenforschung werden naturgemäß auch an anderer Stelle behandelt. Für solche Gebiete dürfte sich zunächst eine Behandlung bei uns im Vorstand der Forschungsgemeinschaft erübrigen. Unserer Ansicht nach trifft das auf folgende Gebiete zu:

Erstens: Die Kernphysik und Kerntechnik mit ihren Hauptzweigen der Kernenergieerzeugung und der Isotopenanwendung in Technik, Medizin und Biologie.

Auf dem Gebiet der Kernphysik und Kerntechnik arbeiten der wissenschaftliche Rat für die friedliche Anwendung der Atomenergie und das Amt für Kernforschung und Kerntechnik. Wir haben auf dem Gebiete der Kernphysik und der Kerntechnik in der Deutschen Demokratischen Republik in der verhältnismäßig kurzen Zeit von etwa 5 Jahren, hauptsächlich durch die Hilfe der Sowjetunion auf einigen wesentlichen Gebieten einen Rückstand aufgeholt, den man mit etwa 10 bis 15 Jahren beziffern könnte. Das gilt insbesondere auch für die beiden im vergangenen Jahr von der Forschungsgemeinschaft übernommenen Institute,

das Institut für angewandte Isotopenforschung in Leipzig und
das Institut für angewandte physikalische Stofftrennung in Leipzig,

die sich in dieser kurzen Zeit zu modernen und leistungsfähigen Forschungsstätten entwickelt haben.

Bei Behandlung der Kerntechnik sei mir ein Wort über die Plasmaphysik gestattet, die neuerdings meist im Zusammenhang mit einer künftigen Energieerzeugung aus Fusionsanlagen genannt wird, obgleich ihre zahlreichen wissenschaftlich bedeutungsvollen oder wirtschaftlich nutzbaren Ergebnisse z. Z. und auch wohl noch für die nächste Zukunft auf gänzlich anderen Gebieten, wie dem der Astrophysik, der Geophysik, der Raumfahrt, der „heißen" Chemie, der Impulstechnik, der Überschall-Aerodynamik bei hohen Temperaturen, der direkten Stromgewinnung aus Flammen, den Hochspannungs- und Hochleistungsschaltern liegen. Auf dem Gebiet der Plasmaphysik und der aus ihr resultierenden Technik haben wir gute Traditionen, die es uns ermöglicht haben, in den letzten Jahren eine solide wissenschaftliche Basis zu erarbeiten. Das Gebiet wird an einigen Forschungsstellen der Deutschen Akademie der Wissenschaften vertreten, von denen ich nur das

Institut für Magnetohydrodynamik in Jena,
das Institut für Gasentladungsphysik in Greifswald,
das Physikalisch-Technische Institut in Berlin,
das Heinrich-Hertz-Institut für Schwingungsforschung in Berlin,
das Heinrich-Beck-Institut für Lichtbogenforschung in Meiningen
und die an der Plasmaphysik mitarbeitenden astronomischen und geophysikalischen Institute und Observatorien der Deutschen Akademie der Wissenschaften zu Berlin

nennen möchte.

Eine erste zweitägige Arbeitstagung der Plasmaphysiker als Koordinierungsveranstaltung der Sektion für Physik der Deutschen Akademie der Wissenschaften zu Berlin Ende September d. J. zeigte, daß die wissenschaftlichen Arbeiten gut vorankommen. Ernst zu nehmende Beiträge wurden geboten und aktuelle Probleme in Angriff genommen. Hierbei sind die Empfehlungen der Akademie-Sektion für Physik berücksichtigt worden, wonach die Grundlagenforschung auf dem Gebiete der Plasmaphysik allseitig verstärkt, aber die Errichtung größerer Fusionsanlagen, zumindest in der nächsten Zeit, nicht in den Vordergrund gerückt werden sollte. Zur Förderung dieses wichtigen Gebietes wurde auf Beschluß des Präsidiums der Deutschen Akademie der Wissenschaften zu Berlin eine neue Zeitschrift „Beiträge aus der Plasmaphysik" gegründet und mit der Herausgabe Hr. STEENBECK und ich beauftragt. Obgleich das erste Heft noch nicht erschienen ist[1], haben wir wertvolle Manuskripte aus der Deutschen Demokratischen Republik bereits für fast einen Jahrgang erhalten.

Das zweite große Gebiet sind die Halbleiterbauelemente, vor allem Transistoren und Gleichrichter in Elektronik, Wärmetechnik, Chemie u. dgl. mehr. Hier gibt es seit ca. 2 Jahren einen Beauftragten für Halbleitertechnik beim Sektor Elektrotechnik der Staatlichen Plankommission und einen auf Initiative der Abteilung Investitionen, Forschung und Entwicklung der Staatlichen Plankommission und des Forschungsrates geschaffenen wissenschaftlich-technischen Rat für Halbleiterphysik und -technik bei der Staatlichen Plankommission. Durch diese organisatorischen Maßnahmen sind Schwächen der Entwicklung des Gebietes der Halbleitertechnik, die von kompetenter Seite auch an anderem Ort festgestellt worden sind, zu einem Teil bereits heute behoben worden, und man kann, ohne zu optimistisch zu sein, eine Normalisierung der Lage in den nächsten ein bis zwei Jahren erwarten. Der Rat für die Halbleiter und seine Kommissionen beschäftigen sich laufend mit den wissenschaftlich-technischen Grundlagen dieses Gebietes.

Für das wichtige Gebiet der Grundlagenforschung in der Aero-Hydrodynamik mit seinen Auswirkungen auf Fahrzeug-, Schiff- und Flugzeugbau wären ähnliche organisatorisch-koordinierende Arbeiten wie für die Kerntechnik und Halbleitertechnik dringend erforderlich. Der Vorstand der Forschungsgemeinschaft ist sehr daran interessiert zu erfahren, welche Aufgaben der Grundlagenforschung auf diesem Gebiete über die bereits bei uns in Angriff genommenen hinausgehend zu erwarten sind. Obgleich wir uns in den letzten zwei Jahren bemüht haben, von uns aus einiges in Gang zu bringen, dürfte der Umfang der auf dem Gebiete der Aero- und Hydrodynamik durchgeführten und geplanten Arbeiten der Bedeutung dieses Gebietes keineswegs angemessen sein.

Auf der anderen Seite gibt es Gebiete der Grundlagenforschung, deren chronische Nichtbeachtung oder ungenügende Förderung sich verschiedentlich schmerzlich bemerkbar gemacht hat und wo wir relativ schnell zu einer Klärung der Situation werden kommen müssen. Das jahrelang vernachlässigte Gebiet der Vakuumphysik sei hier erwähnt, wo erst auf Initiative des Forschungsrates Abhilfe geschaffen wird. Hier möchte ich noch das Gebiet der *Tief-*

[1] Inzwischen (März 61) liegen Heft 1 und 2 des Bandes 1 (60/61) vor.

temperaturphysik nennen, wobei das Interesse sich speziell auf Anlagen zur Gewinnung von flüssigem Helium richtet. Solche Anlagen gehören heute zum festen Bestandteil einer modernen Forschungsstätte für Halbleiterphysik, auch der Metallphysik und vieler anderer Gebiete. Jeder weitere Fortschritt auf dem Gebiete der Höchstfrequenzphysik der Halbleiter, auch der sogenannten Molekularelektronik, setzt Grundlagenversuche voraus, bei denen Tieftemperatureigenschaften der Halbleiter geklärt werden müssen und bei denen Heliumverflüssigung für Laboratorien vorhanden sein muß. Es sei auch erwähnt, daß gerade die Anwendung von Tieftemperaturanlagen, von Heliumverflüssigern, auch auf dem Gebiete der Grundlagenphysik zu zwei wesentlichen Entdeckungen der letzten Jahre beigetragen hat: Die ersten Experimente über die Nichterhaltung der Parität bei der sogenannten schwachen Wechselwirkung wurden bei Heliumtemperaturen durchgeführt, und die grundlegenden Versuche zur experimentellen Bestätigung der allgemeinen Relativitätstheorie mittels der rückstoßfreien Kernresonanzfluoreszenz (MÖSSBAUER-Effekt) ließen sich zunächst auch nur bei Heliumtemperaturen durchführen.

Die Bearbeitung der wissenschaftlichen Grundlagen der modernen Technik durch eine Einrichtung der Deutschen Akademie der Wissenschaften zu Berlin, deren Hauptaufgabe es ist, die Entwicklung der Grundlagenwissenschaft — mit ausreichendem Vorlauf in ausreichender Breite und Tiefe — zu sichern, erhält ihre Berechtigung noch aus einem weiteren Gesichtspunkt. Wir müssen beachten, daß sich die Wechselbeziehungen zwischen den Grundlagenwissenschaften und den technologischen Wissenschaften auf ihre Verschmelzung und Durchdringung hin gesetzmäßig verändern. Es sei mir gestattet, hierfür ein Beispiel zu bringen:

Auf dem Gebiete der Vakuum-Elektronik kamen die ersten Anregungen am Beginn unseres Jahrhunderts fast alle aus der Grundlagenforschung. Die Voraussetzungen für die Entwicklung von Verstärkerröhren wurden in ihren Anfängen an Hochschulinstituten geschaffen. Die Überführung in die Massenproduktion war ein mühsamer und kostspieliger Prozeß, der in den Vereinigten Staaten von Amerika etwa 10 Jahre und in Europa über 20 bis 30 Jahre dauerte.

Bei dieser Überführung in die Produktion leisteten die Grundlagenwissenschaftler, die die Anfänge geschaffen haben, nur z. T. und nur bedingt Hilfe. Die Produktion war die Domäne erfahrener Praktiker, Empiriker, die den Kampf mit den vielen Parametern aufnahmen, die bei der Massenherstellung derartig komplizierter Objekte auftraten, und die Wege zu ihrer Beherrschung auf empirisch-phänomenologischer Basis auch dort fanden, wo die Grundlagenwissenschaft längst noch nicht den Einfluß aller Faktoren erkannt hatte oder überhaupt zu erkennen imstande war. Der Einsatz moderner, der Grundlagenwissenschaft entnommener Meß- und Prüfungsmethoden in der Technologie war erst in den Anfängen und stieß auf erhebliche Ablehnung durch viele erfahrene Praktiker. Wenn man sich dagegen die Verhältnisse heutzutage auf dem gleichen Gebiete ansieht, so stellt man fest, daß, obschon nach wie vor nur ein kleiner Teil der in der Produktion auftretenden Erscheinungen grundlagenmäßig voll erfaßt ist, das Ausmaß an Grundlagenwissenschaft in der wissenschaftlichen Technologie der Betriebe ungeheuer zugenommen hat, daß ihre Bedeutung anerkannt ist und daß ein Feldzug der Grundlagenwissenschaft begonnen hat, dem Empirismus eine Domäne nach der anderen zu entreißen. Theoretisch-physikalische Arbeitsgruppen, *spektralanalytische* Anlagen in allen Wellenlängenbereichen, von den Mikrowellen bis zu den Röntgenstrahlen, *Strukturuntersuchungen* mit Röntgenstrahlen, Elektronen und Neutronen, *chromatographische Verfahren*, *Differential-Thermoanalyse* usw. finden sich in zunehmendem Maße in den modernen Produktionsstätten. Die Forderung, der Grundlagenwissenschaft in jeder Produktionsstätte ein legitimes Heimatrecht zu sichern, hat Allgemeingültigkeit. Die Forschungsgemeinschaft verfügt über Möglichkeiten, hierbei eine notwendige, sinnvolle Unterstützung zu leisten.

In der Chemie hat dieser Prozeß bereits schon viel früher eingesetzt; dort ist der Eingriff der Grundlagenwissenschaft in die Technologie viel direkter gewesen und hat zu den großen Leistungen, die erzielt wurden, entscheidend beigetragen.

Ein wesentliches Mittel, die Technologie wissenschaftlich zu fundieren, ist die Anwendung moderner mathematischer Methoden. Noch Mitte der 20er Jahre haben namhafte Vertreter des Maschinenbaues z. B. den praktischen Wert der Berechnung einer Kurbelwelle eines Automotors angezweifelt, da die exakte Erfassung sowohl der stark streuenden Materialeigenschaften wie auch der betriebsmäßig auftretenden Beanspruchungen mit den damaligen Methoden kaum zu bewältigen war. Es hat sich heutzutage aber gezeigt, daß mit dem Einsatz von schnellen Rechenmaschinen für die Vorausberechenbarkeit von Maschinenelementen ganz neue Aspekte eröffnet werden. Man kann durchaus nicht bestreiten, daß vielleicht in einigen Jahren der Einsatz mathematischer Hilfsmittel zum Vorausberechnen von Maschinenteilen und ihres betriebsmäßigen Verhaltens wesentlich zweckmäßiger sein und den heute noch beschrittenen Weg des Entwickelns und Erprobens, mindestens teilweise, überflüssig machen wird. Denn sowohl die Leistungsfähigkeit der mathematischen Hilfsmittel ist ungeheuer gewachsen — vor allem in der Menge der in der Zeiteinheit durchführbaren Rechnungen —, als auch unsere Kenntnis der Materialeigenschaften und der Betriebsbelastung. Die optimale Erfüllung der eingangs aufgestellten drei charakteristischen Merkmale für eine moderne Technik fordert die Anwendung modernster mathematischer Methoden.

Bei aller Bedeutung der Grundlagenwissenschaft für die Technologie soll jedoch der *qualitative Unterschied* nicht vergessen werden. Das Endziel der Technologie ist eine Gestaltung — sind die Erzeugnisse des Produktions-

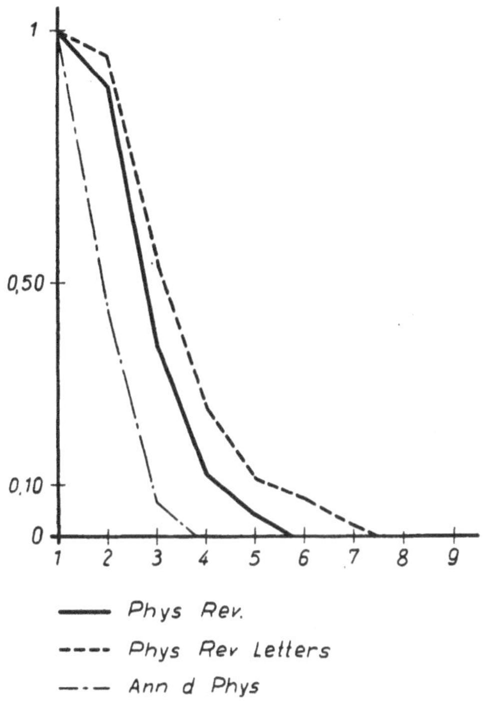

prozesses. Die Technologie kann ihrerseits die Grundlagenwissenschaft durchaus bereichern, aber sie muß die Gestaltung durchführen unter Bedingungen, die nicht die gleichen sind wie die experimentellen Bedingungen der Grundlagenwissenschaft.

Unsere wissenschaftlichen Bemühungen, die wir heute beginnen, werden um so eher Früchte tragen, je eher es uns gelingt, aus dem Zustand der überwiegenden wissenschaftlichen Einzelarbeit in den Zustand einer durchdachten und planmäßig geförderten Kollektivarbeit zu gelangen. Wir können durchaus behaupten, daß in Einzelarbeiten bei uns häufig das Weltniveau erreicht wird. Woran es uns fehlt, das sind Arbeiten, die von Kollektiven mit planmäßig sich ergänzenden Kenntnissen und Fähigkeiten durchgeführt werden, innerhalb eines Institutes, von Institut zu Institut, von Institut zu Betrieb. In der Abbildung ist gezeigt, wie sich die Anzahl der Arbeiten von 1, 2, 3 Autoren relativ verhalten für die Jahre 1958—1960, und zwar für die Zeitschriften:

Annalen der Physik,
Physical Review,
Physical Review Letters.

Man sieht, wie stark in den Annalen der Physik die Einzelarbeiten überwiegen.

Wissenschaftler, gesellschaftliche Organisationen und staatliche Einrichtungen müssen helfen, die Zusammenarbeit zu entwickeln, zu pflegen und zu fördern. Zweifellos nützen wir der Wissenschaft viel, wenn wir in der bisherigen Weise gute Arbeiten hervorbringen. Aber dieser Weg schließt die Inangriffnahme *größerer* Aufgaben praktisch aus. Und dürfen wir auf die Dauer darauf verzichten?

Es ist mir bekannt, daß wir z. T. gerade mit sehr verdienten, erfolgreichen und bewährten Vertretern der älteren Generationen hier nicht immer eine Sprache sprechen, zumal es sich hier nicht nur um Fragen des Arbeitsstils, sondern um ein eminent wichtiges Erziehungsproblem handelt.

Ich bin überzeugt, daß wir eine gemeinsame Sprache finden können, um bei der jüngeren Generation unter dem Einfluß ihrer verdienten Lehrer den Sinn für Zusammenarbeit zu wecken.

Ich würde mich freuen, wenn als vielleicht wesentlichstes Ergebnis unserer Konferenz die Verbesserung und Vertiefung des Interesses an der Zusammenarbeit in dem hohen Sinne resultieren würde, in welchem wir von einer sozialistischen Gemeinschaftsarbeit sprechen: der uneigennützigen Hilfe des Fortgeschritteneren für den Schwächeren zwecks raschen, gemeinsamen Wachsens, zur Erreichung eines gemeinsamen hohen Zieles.

Die Forschungsgemeinschaft hat im Jahre 1960 anläßlich des 10. Jahrestages der Gründung der Deutschen Demokratischen Republik in einer großen Ausstellung über ihre Arbeit in der Öffentlichkeit Rechenschaft abgelegt. Diese Ausstellung wurde im allgemeinen sehr positiv beurteilt. Ich will jedoch das Urteil eines alten Fachmannes auf wissenschaftlich-organisatorischem Gebiet nicht verschweigen, welcher sagte: Viele schöne Geräte, aber wo sind die wissenschaftlichen Ergebnisse?

Wir haben uns deshalb in diesem Jahr bemüht, in einer wesentlich kleineren Ausstellung spezielle Ergebnisse unserer Arbeit, die ohne Zweifel für den Maschinenbau und die Elektrotechnik von Interesse sind, zu zeigen. Ich glaube, daß die Ausstellung von dem befriedigenden Stand unserer Arbeit zeugt und eine Reihe der Ergebnisse bereits mitbestimmend für den Weltstand sind. Diese Ausstellung soll auch Ausdruck der sozialistischen Hilfe für unsere Industrie sein und die Verbindungen, wie sie bereits nach der vorjährigen Ausstellung entstanden sind, zwischen Grundlagenforschung und Technik enger knüpfen.

Das Institut für Gerätebau hat sich in der Ausstellung auf die moderne Technologie beschränkt, deren Einführung in die Produktion große Vorteile mit sich brächte. Am Beispiel des Quadrantelektrometers wird gezeigt, wie auch das Prinzip der Baukastenform und der Standardisierung im Bau von wissenschaftlichen Geräten höchster Anforderung Anwendung finden kann und welche Vorteile sich dabei ergeben. Die Schaffung von standardisierten elektronischen Bauelementen dürfte ferner eine wesentliche Erhöhung der Produktivität nicht nur unserer Institutswerkstätten ermöglichen.

Besonders hinweisen möchte ich in diesem Zusammenhang auch auf eine Reihe von Meßgeräten, die der Industrie zur Überführung angeboten werden und für die ein erheblicher innerer Bedarf wie auch Exportmöglichkeiten bestehen. Ich möchte nur zwei nennen: den großen Polarographen und den $x\,y$-Kompensationsschreiber.

Ich möchte außerdem auf die Ergebnisse der gemeinsamen Arbeiten mit der zuständigen Industrie hinweisen, einen bewuchsbehindernden Schiffsanstrich zu schaffen. Die Ergebnisse, die in Bildern dargelegt sind, zeigen augenfällig die großen Vorteile der neuen Anstriche. Der volkswirtschaftliche Nutzen dürfte außerordentlich groß werden.

Auch die Ergebnisse des Forschungsinstituts für metallische Spezialwerkstoffe, des Heinrich-Hertz-Instituts für Schwingungsforschung und des Instituts für Meß- und Prüftechnik möchte ich in diesem Zusammenhang wenigstens erwähnt haben.

Gestatten Sie mir zum Schluß einige allgemeine Bemerkungen zu Fragen der Organisation der Forschung.

Der Vorstand der Forschungsgemeinschaft bemüht sich laufend, Fragen wie:

> optimale Größe von einheitlich geleiteten wissenschaftlichen Kollektiven, Relation zwischen Wissenschaftlern und technischem Personal, Verwaltung, zentralisierte Einrichtungen

für unsere Institute zu klären. Natürlich ist für den Erfolg eines Instituts in erster Linie der Leiter und das Kollektiv verantwortlich. Aber wir konnten, das möchten wir in einigen Fällen für uns in Anspruch nehmen, auch durch geeignete Veränderungen der Strukturen eine erhebliche Steigerung der produktiven Tätigkeit einzelner Institute herbeiführen. Die Organisation der Wissenschaft wird in unseren Tagen selbst zur Wissenschaft, und diese Wissenschaft deckt neue Gesetzmäßigkeiten auf wie die, daß Arbeitsbereiche und Institute eine optimale Wirkungsgrenze besitzen, wo unter Leitung eines älteren erfahrenen Wissenschaftlers ein Kollektiv von 10 bis 20 Wissenschaftlern mit einer Gesamtzahl von 80 bis 100 Mitarbeitern tätig ist.

Ist es von der Aufgabenstellung her zweckmäßig, solche Kollektive zu größeren Einheiten zusammenzufassen, so bedarf die Leitung eines solchen größeren Gebietes — man könnte es „Compound-Institut" nennen — einer besonders sorgfältigen Regelung, die sowohl die personelle als auch die sachliche Situation genau berücksichtigt. Ziemlich eindeutig haben uns unsere Erfahrungen gelehrt, daß größere Einheiten — ohne eine klare Regelung auf allen Stufen — innere Schwierigkeiten immanent sind, daß sich Bürokratie und Leerlauf paaren und daß die Erfolge in keinem Verhältnis zu den Aufwendungen stehen.

In technisch orientierten Instituten ändern sich die Zahlenverhältnisse etwas, ohne daß sich am Grundsätzlichen viel ändert. Wir möchten darauf hinweisen, daß die Erfahrungen, die die Forschungsgemeinschaft der Deutschen Akademie der Wissenschaften zu Berlin in der Organisation der wissenschaftlichen Arbeit in den Instituten erworben hat, mit größter Bereitwilligkeit allen Interessenten weitergegeben werden, wie überhaupt alle Ergebnisse der Wissenschaft.

Vizepräsident Prof. Dr. Hans Frühauf

Vorsitzender der Forschungsgemeinschaft der Deutschen Akademie der Wissenschaften zu Berlin, Direktor des Instituts für Hochfrequenztechnik und Elektronenröhren der Technischen Hochschule Dresden

ENTWICKLUNGSTENDENZEN AUF DEM GEBIET DER ELEKTRONIK

Meine Darlegungen auf der Konferenz „Über wissenschaftliche Grundlagen der modernen Technik" sind den „Entwicklungstendenzen auf dem Gebiet der Elektronik" gewidmet.

Die Elektronik umfaßt, wie jeder Fachmann weiß, ein außergewöhnlich großes Wissens- und Wissenschaftsgebiet mit großer theoretischer, aber auch mit nicht minder großer praktischer Bedeutung.

Wenn in einer abgemessenen Zeitspanne Teilgebiete dieses so umfangreichen Gesamtkomplexes bezüglich sichtbarer oder vielleicht auch erst zu erwartender Entwicklungstendenzen analysiert werden sollen, dann ist es zweckmäßig, zunächst einige Vereinbarungen darüber zu treffen, was unter „Elektronik" überhaupt verstanden werden soll, um dann spezielle Teilgebiete abzuhandeln. Das ist deshalb erforderlich, weil der Begriff Elektronik in zweierlei Bedeutung angewandt wird: einmal vom Physiker, zum anderen vom praktischen Ingenieur. Beide Interpretationen umfassen ein gleichermaßen breites und bedeutungsvolles Gebiet.

Man versteht unter Elektronik einerseits die Physik des Elektrons, die es seit der Entdeckung der Kathodenstrahlen durch Plücker und Hittorf im Jahre 1858, also seit rund 100 Jahren, gibt und die sich bis heute in raschem Tempo entwickelt hat. Wichtige Teilgebiete der so interpretierten Elektronik sind z. B. die Elektronenemission, also die Thermo-Emission, die Foto-Emission, die Sekundär-Elektronen-Emission, die Feld-Emission usw. usw. oder, um ein anderes Teilgebiet zu nennen, die Elektronenoptik, in welche z. B. die Gesetze über die elektrostatischen und elektromagnetischen Linsen und auch die Elektronenspiegel eingeordnet werden können; außerdem das so wichtige Gebiet der Elektronentheorie der Metalle, die von Riecke und Drude um die Jahrhundertwende auf klassischen Grundlagen begründet, sich durch die Forschungsergebnisse zahlreicher Wissenschaftler wie Lorenz, Bohr, Sommerfeld, Pauli, Fermi, Dirac, Bloch oder schließlich durch Shockley und Bardeen und viele andere erweitert hat und zu einem gerade heute praktisch außerordentlich wichtigen Gebiet entwickelt wurde. Diese nur beispielsweise aufgeführten Teilgebiete der Elektronik gehören zu jenem Begriff Elektronik, den ich eingangs als die „Physik des Elektrons" bezeichnet habe.

Sie ist, was im besonderen den Bereich der Forschung anbelangt, wesentlich eine Domäne des Physikers, wie dies aus den aufgezählten Namen und zahlreicher weiterer Physiker deutlich wird.

Auf der anderen Seite steht eine zweite, ebenso umfassende Vorstellungswelt, die den Begriff Elektronik mit der Technik verknüpft. Sie hat sich rasch der verschiedensten Disziplinen bemächtigt, seitdem sich die praktische Anwendung unserer Kenntnisse und Erkenntnisse über die Physik des Elektrons in immer rascherem Tempo in der Technik und in der Produktion, aber auch in vielen Entwicklungs- und Forschungsbereichen — selbst abseits liegender Wissenschaftsdisziplinen — wie auch im täglichen Leben als sehr nützlich gezeigt hat.

Die mit dem Begriff Technik verknüpfte Elektronik bezieht sich wesentlich auf jenen großen Komplex von Einrichtungen, Geräten, Mechanismen oder Schaltungen, in denen elektronische Bauelemente für die verschiedensten praktischen Zwecke wirksam werden. Man gliedert dieses große, so interpretierte Gebiet wiederum in Teilgebiete insofern auf, als man z. B. von der industriellen Elektronik, also etwa von elektronischen Motorsteuerungen, von elektronischen Zähl- und Meßeinrichtungen, von elektronischen Drehzahl- und Temperaturreglungen und vielen anderen elektronischen Anwendungen spricht. Zu diesem Gebiet „Elektronik" gehört auch der gesamte, so außerordentlich wichtige Bereich, in dem die zahlreichen uns wohlbekannten elektronischen Bauelemente wie etwa die Verstärkerröhre, die Fotozelle, die Sekundärelektronenvervielfacher, die Halbleiter oder die Leiter mit besonderen Eigenschaften wie z. B. die Transistoren oder schließlich auch die Ferrite Verwendung finden. Die praktische Bedeutung dieses Gebietes wird auch durch die Tatsache erhellt, daß z. B. allein die Zahl der in der Welt hergestellten Verstärkerröhren bis heute die 10-Milliardengrenze längst überschritten hat und noch weiter steigt und daß die Zahl der Halbleiterbauelemente bereits jetzt verspricht, mindestens die gleiche Größenordnung zu erreichen.

Darüber hinaus hat während etwa der letzten 50 Jahre die Elektronenröhre zahlreiche Gebiete von Wissenschaft, Technik und Wirtschaft gefördert, ja die Entstehung mancher Zweige überhaupt erst hervorgerufen. Beispiele hierfür sind die wichtigen Gebiete des Rundfunks, des Fernsehens, der Richtverbindungstechnik, der Radiotechnik, der Radartechnik, der Radio-Astronomie, der elektronischen Meßtechnik, der elektronischen Rechentechnik, der elektronischen Steuerungs- und Regeltechnik oder der elektronischen Signaltechnik.

Diese beiden großen Gebiete, die ich zum Begriff Elektronik gehörend zu kennzeichnen versucht habe, werden gelegentlich auch als innere Elektronik, das ist die „Physik der Elektronen", und als äußere Elektronik, das ist die „Wissenschaft und Technik von der Anwendung elektronischer Bauelemente und Einrichtungen", bezeichnet.

Es ist mir im Rahmen dieser Darlegungen nicht möglich, den gesamten Komplex „Elektronik“ in seinen Entwicklungstendenzen zu analysieren, und deshalb beschränke ich mich auf einige Teilgebiete der äußeren Elektronik. Es wird sich dabei natürlich nicht vermeiden lassen, daß die engen Verknüpfungen zwischen Physik und Technik und zwischen Theorie und Praxis ein „Übergreifen“ auf das Gebiet der inneren Elektronik notwendig machen, soll der zu behandelnde Gegenstand verständlich dargelegt werden. Dabei möchte ich nicht zuletzt auch auf die Erfahrungen zurückgreifen, die lehren, daß, obwohl eine große Zahl von an sich rein wissenschaftlichen Forschungen von den Forderungen nach einer technischen Anwendung beeinflußt werden, so andererseits doch auch immer wieder und mit aller Eindringlichkeit die Mahnung gilt, die SHOCKLEY in der Einleitung seines berühmt gewordenen Buches über die Transistor-Physik „Electrons and holes in semiconductors, with applications to transistor electronics, USA, 1950“ niederschrieb, daß nämlich, wer praktisch anwendbare Erscheinungen sucht, sich der rein wissenschaftlichen Forschung widmen muß. Andererseits aber muß, wer für die Volkswirtschaft unmittelbar nützliche Arbeit leisten will, in der Lage sein, wissenschaftliche Erkenntnisse in praktisch anwendbare Ergebnisse umzumünzen, denn ohne diese wird auf weite Sicht jeder Art von Forschung die Basis entzogen.

Bei der Mehrzahl derjenigen, die sich nicht unmittelbar mit dem Gebiet der Elektronik, gleich in welchem Sinn verstanden, befassen, ruft dieses Wort Vorstellungen von elektrischen Strömen und Spannungen wach, dabei sind aber gerade die wesentlichen Erscheinungen meist nicht die Ströme und Spannungen, sondern in weit höherem Maße die Wellen und Felder. Das große Spektrum elektromagnetischer Wellen spannt sich von der Niederfrequenztechnik und den Wellen auf Leitungen über die Wellen der Nachrichten- und Mikrowellentechnik bis hinüber zu den optischen Wellen sowie schließlich zu den Röntgen-, γ- und kosmischen Strahlen. Die Grundlagen, die das Verständnis der entscheidenden Vorgänge bei elektromagnetischen Wellen vermitteln, waren jene genialen zwei Gleichungen, die JAMES CLERK MAXWELL niederschrieb und die heute als die beiden MAXWELLschen Gleichungen jedem Studierenden der Physik und der Elektrotechnik geläufig sind.

Das gesamte heute bekannte Wellengebiet möchte ich Ihnen einmal schematisiert darstellen (Abb. 1). In der 1. Zeile finden Sie die Frequenz aufgetragen, darunter in der 2. die Wellenlänge, beides logarithmisch dargestellt, und sodann in der 3. Zeile Angaben über die Wellenart, welche die wesentliche Erscheinungsform der betreffenden Frequenz oder Wellenlänge kennzeichnen. In der 4. und 5. Kolonne ist nun der Versuch unternommen, schematisiert die geschichtliche Entwicklung, d. h. also die Entwicklungstendenz, anzudeuten, und zwar so, daß jeweils der Stand der bis dahin beherrschten technischen Methoden der Anwendung kohärent schwingender Wellen betrachtet wird und das betreffende

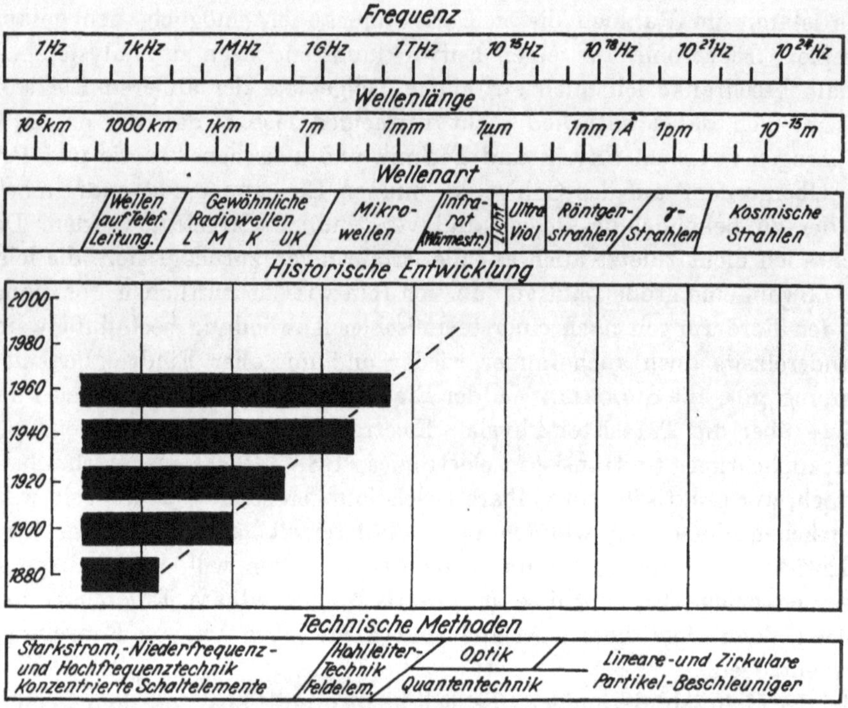

Abb. 1. Darstellung der historischen Entwicklung der technisch beherrschten elektromagnetischen Wellen

praktisch so beherrschte Wellenlängengebiet durch einen schwarzen Balken in der Darstellung gekennzeichnet ist. Diese geschichtliche Darstellung beginnt, wie man sieht, mit dem Jahr 1880. Sie nimmt in unserer Graphik also ihren Anfang 8 Jahre bevor Hertz seinen klassischen Versuch durchführte, mit dem er die Existenz und die Eigenschaften der von Maxwell durch seine Gleichungen postulierten Wellen experimentell bestätigte.

Damals gab es in der Technik kohärent schwingende Wellen im wesentlichen nur auf Starkstrom- und Telefonleitungen. 20 Jahre später, um das Jahr 1900, drang die Technik über das Gebiet der langen Wellen bis in das Gebiet der mittleren Wellen vor, weitere 20 Jahre danach, im Jahre 1920, wurde das Kurzwellen- und schließlich das Ultrakurzwellen-Gebiet erschlossen und etwa im Jahre 1940 war der Bereich der praktischen Anwendung der Mikrowellen erreicht. Jedem dieser Schritte lief eine bedeutende technische Entwicklung parallel, und sie hatte für das Land, das jeweils die Priorität erringen konnte, beachtliche Folgen auf wissenschaftlichem, technischem und ökonomischem Gebiet und damit schließlich auch für den Bereich seiner politischen Entwicklung.

Wie bedeutungsvoll die Erringung der Priorität für ein Land auf einem bestimmten Gebiet sein kann, mag an einem Beispiel erörtert werden. Die Tatsache, daß 1940, im 2. Weltkrieg, zuerst von den Alliierten Mächten das Gebiet der cm-Wellen beherrscht wurde, brachte der Kriegsflotte Hitler-Deutschlands den Verlust eines erheblichen Teiles seiner Unterseebootkriegsflotte und bedingte damit den absoluten Zusammenbruch der deutschen Blockade. Mit der cm-Radar-Technik konnten nämlich die Seh- und Belüftungsrohre der Unterseeboote in getauchtem Zustand, auch bei Nacht und Nebel, ausgemacht und diese dann vernichtet werden. Weitere Beispiele für die Bedeutung einer wissenschaftlichen Prioritätsstellung auf anderen Gebieten z. B. sind die Indigosynthese, durch die das britisch-indische Monopol für den natürlichen Indigo gebrochen wurde, die Ammoniaksynthese, die das chilenische Salpetermonopol brach, der Buna, durch den das englisch-amerikanische Kautschukmonopol gesprengt, und die Kohleverflüssigung, durch die das internationale Erdölmonopol durchbrochen wurde. Und es unterliegt keinem Zweifel, daß diesen Fragen im Rahmen unserer Volkswirtschaft und ihrer Zielsetzung über den Siebenjahrplan hinaus große Bedeutung zukommt. Aber kehren wir zurück zu unserem Bild. Es zeigt schließlich in der Gegenwart, d. h. im Jahre 1960, daß wir uns, dem internationalen Stand der Technik entsprechend, bereits den Millimeterwellen genähert haben, die heute mit elektronischen Mitteln gerade beherrscht, also kontinuierlich und kohärent erzeugt, ausgesandt, beeinflußt, fortgeleitet und empfangen werden können.

Die Frage ist berechtigt, wie sich die Entwicklung wohl weiter vollziehen mag. Deshalb darf ich auf das eingangs Gesagte Bezug nehmen. Durch Einzeichnen einer gestrichelten Linie am Ende der schwarzen Balken ist versucht worden, die bis heute vorliegende „geschichtliche Entwicklungskurve“ in die Darstellung halblogarithmisch aufgetragen zu übernehmen. Sie stellt dann eine Gerade dar, kennzeichnet also zunächst einmal ein exponentielles Ansteigen der „geschichtlichen Entwicklungskurve technisch beherrschter Wellen“. Schon diese Feststellung ist nicht ganz uninteressant. Will man dieser Entwicklungskurve Glauben schenken — und warum soll das auf Grund einer 80jährigen geschichtlichen Entwicklung nicht zulässig sein —, dann wäre zu erwarten, daß es uns, da sich physikalische Grenzen zumindest zur Zeit nicht abzeichnen, etwa noch vor Abschluß dieses Jahrhunderts, also noch vor dem Jahre 2000, gelingt, mit elektronischen Mitteln das Gebiet kontinuierlich und kohärent schwingender Lichtwellen in Erzeugung und Verstärkung technisch mit der Elektronik zu bewältigen, also ein Gebiet zu beherrschen, das wir mit anderen Mitteln heute zwar schon längst weitgehend erschlossen haben, in dem wir aber derzeit noch nicht in der Lage sind, kontinuierlich und kohärent schwingende Energiequellen aufzubauen und praktisch zu verwerten.

Sicherlich wird dann auch die elektronisch-optische Lösung etwa des Fernsehwiedergabeproblems auf eine neue Basis gestellt werden können. Ansätze hierfür zeichnen sich bereits ab.

Ein solcher Versuch der Beantwortung der aufgeworfenen Frage nach der Entwicklungstendenz mag auf den ersten Blick vielleicht utopisch erscheinen, doch hätten wir, vom heutigen Tag um 40 Jahre zurückgerechnet, das Aufkommen z. B. einer Molekularelektronik, auf die ich kurz noch zu sprechen kommen werde, im Jahre 1960 nicht auch als „utopisch" bezeichnet?

Welche gewaltigen Fortschritte umfaßt die in einer Zeitspanne von 80 Jahren enthaltene Entwicklung unter Berücksichtigung des Gesetzes ihrer exponentiellen Wachstumsrate!

Die gezeigte Darstellung enthält als obere Frequenzgrenze rechts die kleinste uns bisher bekannt gewordene Wellenlänge von einer Größenordnung von 10^{-15} m. Man kann schließlich fragen, wo diese unterste Wellenlängengrenze im Bereich der „Elektronik" überhaupt liegen mag. Wahrscheinlich ist es gar nicht mehr sinnvoll, bei diesen Größenordnungen den Begriff der Wellenlänge überhaupt noch anzuwenden. Dem Elektron schreibt man eine Masse zu, und wenn man das tut, muß man ihm auch einen Radius zubilligen, der bekanntlich mit rund 2×10^{-15} m angegeben wird und also gerade in der Größenordnung der Grenze der von uns verwendeten Wellenlängentabelle liegt, die bei den kosmischen Strahlen ihr Ende hat.

Im Anschluß an diese Gedankengänge wollen wir uns mit einigen weiteren, und zwar speziellen Problemen befassen. Dabei soll im Sinne unserer Darlegungen die Frage nach den Entwicklungstendenzen an den Grenzen derjenigen Wellenlängengebiete, die wir entsprechend den vorgetragenen Gedanken bis heute technisch gerade beherrschen, gestellt werden. Die Betrachtungen sollen sich dabei auf technisch wichtige Beispiele erstrecken. Der Gegenstand der Technik des zu behandelnden Wellenlängengebietes, wenn man das wesentliche kurz zusammenfassen will, ist die Erzeugung kontinuierlicher und kohärenter Schwingungen, ihre zweckbestimmte Verwendung oder ihre bewußt gelenkte Beeinflussung, z. B. zur Übermittlung einer Information etwa in der Nachrichtentechnik oder zur Gewinnung einer Information etwa in der Radartechnik, außerdem die Verstärkung, die Fortleitung dieser Wellen bzw. ihrer Energie durch die verschiedensten Medien und schließlich die Wiedergewinnung des gewünschten mehr oder weniger schmalen Wellenlängenbandes mit Hilfe von Selektionsmitteln aus dem gesamten vorliegenden Wellenspektrum. Damit ist der Gegenstand dieser Technik umschrieben. Wir wollen nun ein Teilgebiet herausgreifen, und zwar ein Teilgebiet des elektronischen Verstärkers. Jeder Fachmann weiß, daß der elektronische und zugleich aktive Teil eines Verstärkers die Verstärkerröhre oder der Transistor ist. Die Arbeitsweise dieser Bauelemente ist sinnvoll nur im Zusammenwirken mit einem

Abb. 2. Leistungsendstufe eines Großsenders.
Links: Abstimmvariometer. Mitte u. rechts: (runde) Keramikkondensatoren

elektrischen Netzwerk denkbar. Diesem kommt dabei die oben schon aufgeführte wichtige Aufgabe der Selektion des gewünschten Frequenzbandes zu.

Im Gebiet der Hochfrequenztechnik erfolgt sie bekanntlich durch Schwingungskreise oder eine Kombination von Schwingungskreisen, die aus konzentrierten Induktivitäten und Kapazitäten bestehen. Die eine Abbildung (Abb. 2) zeigt den Schwingungskreis einer Senderleistungsendstufe, die andere (Abb. 3) die Elemente eines Schwingungskreises in der Technologie der „Gedruckten Schaltungen" für einen Empfänger. Auf einer Testplatte von 1,5 mm Stärke der Klasse IV ist eine Kupferauflage von 0,035 mm aufgebracht, die rechts den Kondensator, links die Spule repräsentiert.

Für solche Selektionsmittel oder Filter gibt es eine umfangreiche Theorie, mit der unter Anwendung der verschiedensten mathematisch-elektrotechnischen Methoden, z. B. der Ortskurventheorie und ihrer Darstellung in der komplexen Ebene, der Vierpol-Theorie, der Pol-Nullstellen-Theorie und anderer Berechnungsmethoden eine vollständige und abgeschlossene Übersicht und Kenntnis über alle elektrischen Eigenschaften auch bis in die letzten Details ge-

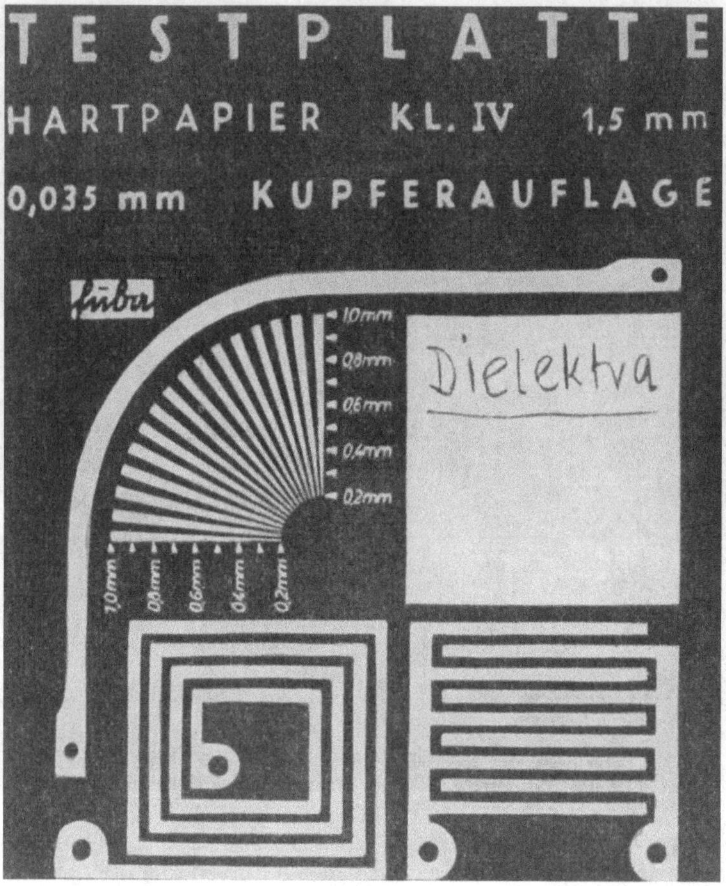

Abb. 3. Testplatte einer gedruckten Schaltung mit Spule und Kondensator

wonnen werden kann. Aber die Frage der Technologie, d. h. vor allem die Frage der praktischen Ausführung, die unter Anwendung wissenschaftlicher, physikalisch-elektrotechnischer Mittel auf eine Verbesserung dieser Selektionsmittel abzielt, steht heute noch ebenso im Mittelpunkt des Interesses wie ehedem; hier lassen sich noch große Fortschritte erzielen, vor allem hinsichtlich der Erforschung praktisch anwendbarer Methoden.

Die elektrische Qualität eines Schwingungskreises kennzeichnet man bekanntlich durch die erstgenannte Güte Q: Sie ist, wie der Fachmann weiß, der Quotient aus der im Kreis schwingenden Blindleistung zu der in Verluste umgesetzten Wirkleistung. Je größer die Verluste sind, um so geringer ist die Güte, und das wirkt sich dann bekanntlich nicht allein auf die elektrischen Eigenschaften, z. B. die erzielbare Selektion oder die Flankensteilheit der

Filterkurve und auf die Größe der Verstärkung aus, sondern auch auf den materiellen und ideellen Aufwand bei der Herstellung der mit solchen Filtern versehenen Einrichtungen.

Elektrische Schwingkreise, etwa der Hochfrequenztechnik, wie sie in den vorausgegangenen Darstellungen gezeigt wurden, besitzen eine Güte in der Größenordnung von 100—300, wohl kaum aber jemals über 400. Wir wissen, daß die Güte mechanisch schwingungsfähiger Gebilde zwischen 1000 und 10000, in besonderen Fällen sogar bei 100000 liegen kann. Sie sind demnach um einige Größenordnungen besser als elektrische Schwingungskreise. Dennoch ist das Gebiet der mit ihnen aufgebauten mechanischen Filter, wie es die Praxis in der DDR zeigt, so gut wie überhaupt noch nicht in den Bereich der technischen Anwendungen vorgedrungen. Eine Reihe theoretischer und praktischer Untersuchungen, die, auf den internationalen Stand aufbauend, im Institut für Hochfrequenztechnik und Elektronenröhren der Technischen Hochschule Dresden durchgeführt wurden, haben die große Überlegenheit praktisch gebauter mechanischer und vor allem auch mehrkreisiger Filter für zahlreiche technische Zwecke, insbesondere der Nachrichten- und Trägerfrequenztechnik zur Mehrfach-Ausnützung von Kabeln und Leitungen erwiesen. Die mechanischen Filter sind zur Zeit für den wichtigen Frequenzbereich der genannten Techniken über 100 kHz bis 1 MHz gebaut worden und entsprechen in ihren Selektionseigenschaften der ausgezeichneten Qualität von Quarzfiltern. Sie haben aber geringere Abmessungen und lassen sich deshalb bei gleichen Kreiszahlen auf erheblich kleinerem Raum unterbringen; außerdem sind sie in der Herstellung wesentlich billiger als Quarzfilter. Die Güte normaler Hochfrequenzkreise übertreffen sie mindestens um das Zehnfache.

Die wesentlichen Gedanken lassen sich an einem Analogiebeispiel darlegen. Für Frequenzen bis etwa 300 MHz besteht der elektrische Schwingungskreis aus konzentrierter Induktivität und Kapazität und dem unvermeidlichen Verlustwiderstand. Für Frequenzen über 300 MHz verwendet man dagegen als elektrische Schwingungskreise Hohlräume, sogenannte Topfkreise oder Hohlraumresonatoren. Sie stellen nichts anderes dar als elektrisch abgeschlossene Koaxial- oder Hohlleiter-Abschnitte. In ihnen schwingen elektromagnetische Felder und Wellen. Die Kreise haben verteilte Induktivität und verteilte Kapazität, d. h. Induktivitäts- und Kapazitätsbelag.

Ähnliche Prinzipien benutzend, kann man nun auch mechanische Schwingungskreise aufbauen, deren Berechnung auf dieselben mathematischen Gleichungen führt und die im analogen mechanischen Fall entsprechend aus Feder, Masse und mechanischem Reibungswiderstand bestehen. Sie werden analog zu den Leitungsabschnitten der Höchstfrequenztechnik aus schwingenden Stäben, Scheiben oder Platten gebildet. In solchen mechanischen Filtern sind ebenso wie in ihrem Analogon der Höchstfrequenztechnik Masse und Feder als frequenzbestimmende Glieder verteilt wirksam. Natürlich lassen sich auf alle

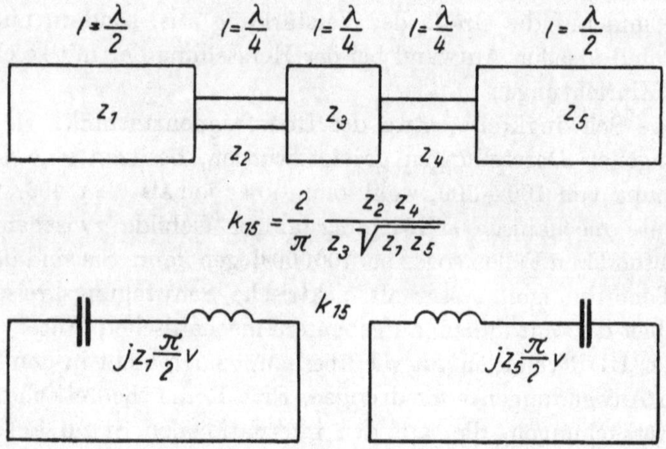

Abb. 4. Zweikreisiges Filter. Oben mechanisches Filter, unten das elektrische Analogen mit Induktivität und Kapazität und magnetischer Kopplung k_{15}

mechanischen Filter, die bei elektrischen Filtern benützten elektrischen Ersatzschaltungen und die mathematisch-elektrotechnischen Berechnungsmethoden in ihrer ganzen Vielfalt anwenden. Spannungen und Ströme beim elektrischen Filter werden beim mechanischen Filter entsprechend zu Geschwindigkeiten und Kräften am Ausgang und Eingang der Filter. Oder, da man mechanische Filter in elektronischen Schaltungen nur verwenden kann, wenn man durch geeignete elektromechanische Wandler eine Umwandlung in die analogen elektrischen Größen vornimmt, so kann man sie über ihre Vierpol-Anschlüsse wie elektrische Filter auch rechnerisch behandeln.

Solche Berechnungen erfolgen heute zweckmäßig mit elektronischen Analogierechenmaschinen, die in jedem größeren Institut vorhanden sein sollten. Das Institut für Hochfrequenztechnik und Elektronenröhren der Technischen Hochschule Dresden hat sich eine solche Analogierechenmaschine selbst gebaut.

Die folgende Darstellung (Abb. 4) zeigt zunächst den prinzipiellen Aufbau einer der praktisch möglichen Ausführungsformen eines zweikreisigen Filters. Dieses Filter entspricht absolut zwei elektrischen Schwingungskreisen, die durch ein 90° phasendrehendes Glied (z. B. eine Induktivität oder Kapazität) miteinander gekoppelt sind. Die mechanischen Resonatoren mit $\lambda/2$ Länge entsprechen den Kreisen, sie werden über Kopplungsstege von je $\lambda/4$ Länge miteinander geschwindigkeitsgekoppelt, in der gleichen Weise, wie man diese Kopplung mit den Methoden der Höchstfrequenztechnik durch $\lambda/4$-Leitungsstücke erreichen kann.

Andere Möglichkeiten von mechanischen Filterformen zeigt eine weitere Darstellung (Abb. 5). Links steht wieder das elektrische Äquivalent in der

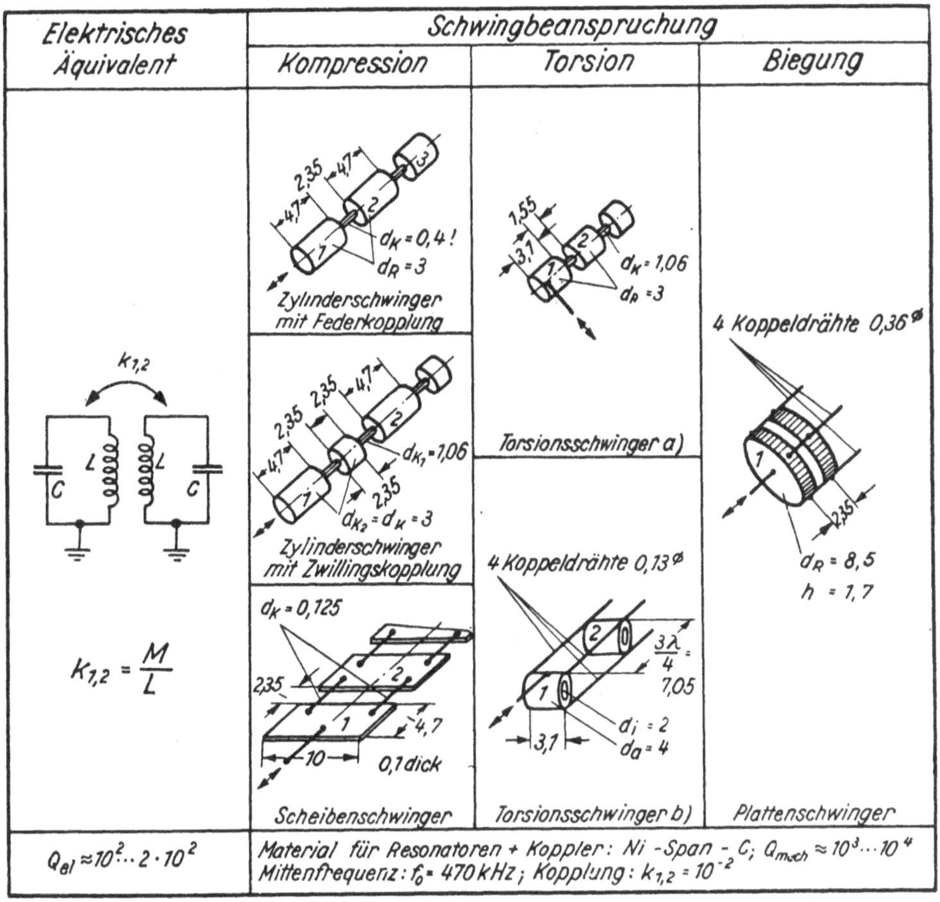

Abb. 5. Maßstabsgetreue Darstellung der mechanischen Schwingertypen für 470 kHz. Links elektrisches Äquivalent

ersten Spalte, dem drei Schwingungsbeanspruchungen beim mechanischen Filter rechts folgend gegenüberstehen: Die Kompressionsschwingung, die Torsionsschwingungen und die Biegeschwingung. Jeder Form der Beanspruchung lassen sich verschiedene Formen einer praktischen Ausführung zuordnen. Der zweiten Ausführungsform des Kompressionsschwingers in der zweiten Spalte, Mitte, entspricht die zuvor in der Darstellung (Abb. 5) gezeigte Anordnung. Alle Schwinger sind maßstabgerecht gezeichnet und bemaßt und schwingen mit 470 kHz Resonanzfrequenz, also einer Frequenz, wie sie z. B. in Zwischenfrequenzverstärkern von Rundfunkempfängern verwendet werden. Die weiteren Daten sind aus der Darstellung zu ersehen.

Die folgende Darstellung (Abb. 6) zeigt den Übergang zur praktischen Ausführung, und zwar oben Kompressionsschwinger mit sogenannter Zwillings-

Abb. 6. Praktisch ausgeführte mechanische Filter für 282, 381 und 448 kHz. (Institut für Hochfrequenztechnik der TH Dresden.) Oben: Kompressionsschwinger, Mitte: Torsionsschwinger (282 kHz), vorn: Plattenschwinger (381 kHz)

federkopplung für 448 kHz bei 11 kHz Bandbreite, in der Mitte den Torsionsschwinger für 282 kHz bei 6 kHz Bandbreite und schließlich vorn den Plattenschwinger für 381 kHz bei nur 1,5 kHz Bandbreite. Gezeigt werden zunächst die Versuchsaufbauten, wie sie in meinem Dresdner Institut fertiggestellt wurden, unter Beachtung der in der vorausgezeigten Darstellung eingetragenen Maße. Das Modell eines praktisch ausgeführten funktionstüchtigen Filters zeigt diese Darstellung (Abb. 7). Das Filter ist unten in seine Bestandteile zerlegt. In der Mitte ist der mechanische Resonator als Biegeschwinger zu sehen. Das Filter schwingt bei 470 kHz und hat eine Bandbreite von 2,3 kHz. Links und rechts außen sind noch die zum elektrischen Anschluß erforderlichen elektromechanischen magnetostriktiven Wandler, die sogenannten Transduktoren, zu sehen. Über sie ist am Eingang und Ausgang die elektrische Ein- und Auskopplung möglich. Die Wahl des Filtermaterials erfolgt, wenn hohe Gütewerte verlangt werden, zweckmäßigerweise so, daß für die eigentlichen Resonatoren Materialien aus nicht ferromagnetischen Stoffen gewählt werden, denn diese besitzen zum Teil erheblich höhere Gütewerte. Z. B. findet man für Aluminium eine Güte von 4000 und für Dural sogar eine solche von 8000. Man kann aber auch durch Anregung entsprechender Schwingungsmoden verbesserte Güten erhalten. So ergibt sich für Magnesium in Torsionsanregung eine Güte von rund 100000. Es wurde nun gelegentlich darauf hingewiesen, daß solche mechanische Filter auch in Oberwellen schwingen können und damit mehrdeutig seien. Das läßt sich ohne Schwierigkeiten vermeiden, wenn verschiedene Schwingungsbeanspruchungen kombiniert werden, die voneinander abweichende Oberwellenfrequenzen aufweisen (z. B. die Kombination von Biegeschwinger und Kompressionschwinger).

Bevor ich diesen Komplex abschließe, zeige ich noch in einer Darstellung (Abb. 8) das Ergebnis des Frequenzganges eines gebauten Hochfrequenz-

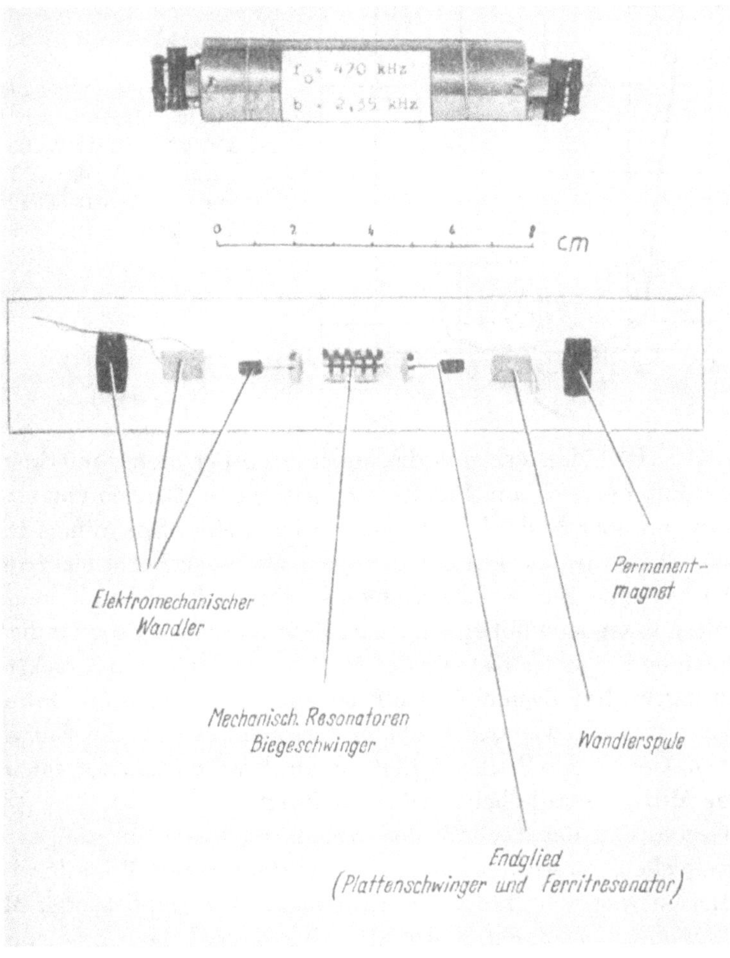

Abb. 7. Fertig montiertes und gekapseltes mechanisches Filter für 470 kHz (oben) und in seine Bestandteile zerlegtes Filter (unten). Baulänge ca. 8 cm

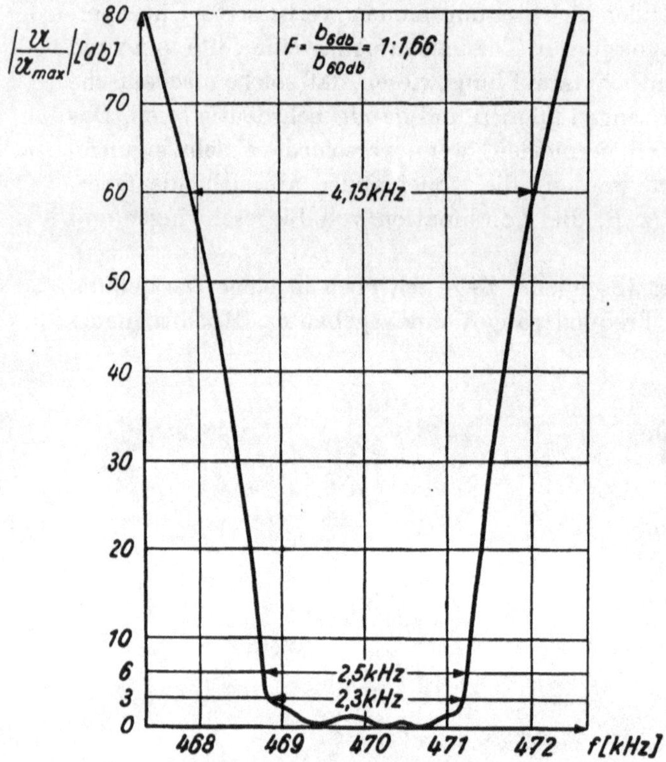

Abb. 8. Frequenzgang eines ausgeführten mechanischen Filters für 470 kHz (Institut für Hochfrequenztechnik der TH Dresden) mit ca. 60 dB Flankensteilheit auf 1 kHz

filters für 470 kHz. Man erkennt die außerordentlich hohe, mit keinem rein elektrischen Filter erreichbare Flankensteilheit, die im Bereich von etwa 1 kHz einen Abfall von über 60 dB bringt, entsprechend einer Spannungs-Dämpfung von 1:1000. Damit ist die große Überlegenheit dieser Form elektromechanischer Filter evident. Eine solche Flankensteilheit läßt sich mit keinem elektrischen Filter, es sei denn mit einem Quarzfilter, erreichen. Es weist die Tendenz der Entwicklung für einige Gebiete der Nachrichtentechnik mit elektronischen Elementen daher ohne Zweifel in der Richtung auf mechanische Filter.[1]

Ich möchte nun ein weiteres Problem darlegen, welches die Entwicklungstendenzen im Gebiet der Wellenfortleitung an den Grenzen, die wir heute mit technischen Mitteln gerade beherrschen, aufzeigt.

Es ist Gegenstand der Technik der Wellen, diese u. a. in geeigneter Form für die verschiedensten Anwendungszwecke weiterzuleiten. Wir alle wissen, daß diese Fortleitung bei den größten Wellenlängen über Doppel- oder Mehrfachleitungen geschieht. Betrachten wir nun aber einmal das Gebiet der Mikro-

[1] Bis zum Zeitpunkt der Drucklegung konnte dieses vom Institut für Hochfrequenztechnik der TH entwickelte Filter in die Produktion überführt werden.

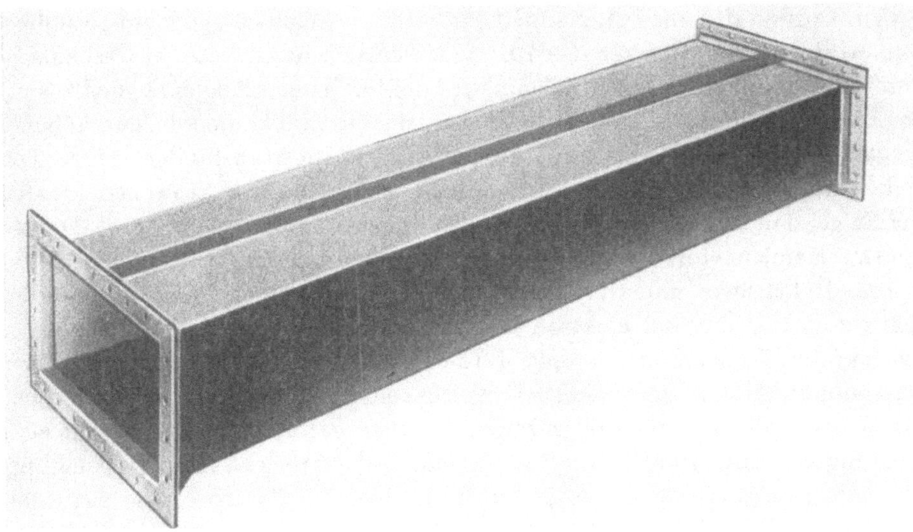

Abb. 9. Rohrleitung der Höchstfrequenztechnik für Leistungstransport

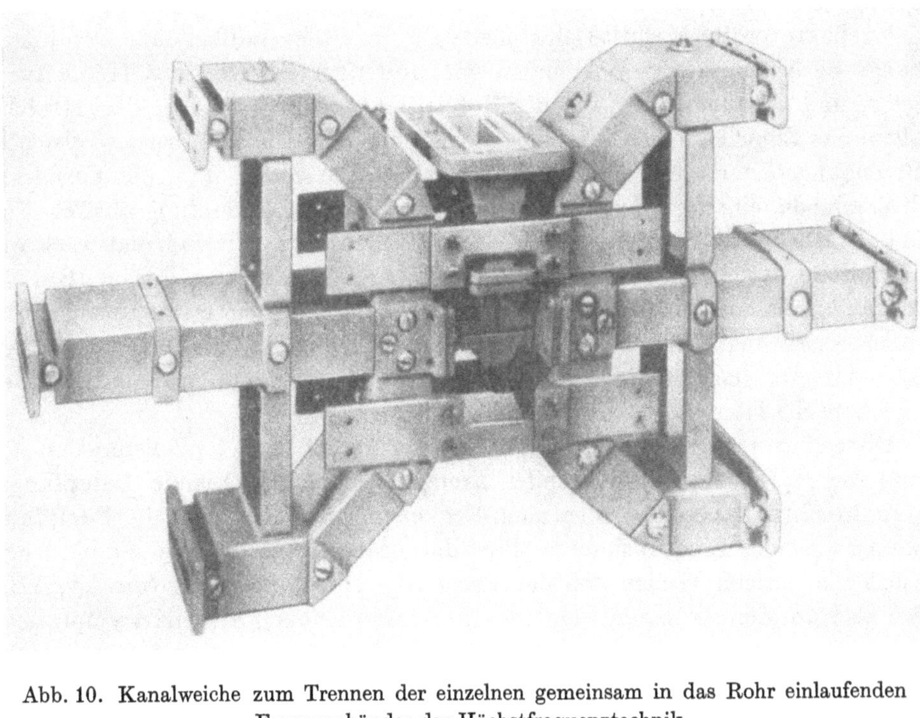

Abb. 10. Kanalweiche zum Trennen der einzelnen gemeinsam in das Rohr einlaufenden Frequenzbänder der Höchstfrequenztechnik

wellen. Dort ist das alles ganz anders. Dort ist die Wellenlänge klein gegenüber den Abmessungen unserer Geräte und Einrichtungen, die als technische Geräte verständlicherweise an die uns gewohnten Abmessungen angepaßt sind. Die Mikrowellenlängen sind aber auch klein gegenüber den bisher üblichen Längen der Leitungen, ja selbst gegenüber den Drahtabständen. Diese Tatsache verlangt eine völlig neue Technik beim Arbeiten mit Mikrowellen. Das hat zur Folge, daß die Technik dieser Wellen äußerlich nicht mehr durch Drähte, Spulen, Kondensatoren und Widerstände gekennzeichnet ist, sondern durch Rohre, Rohrstücke und durch schwingende Hohlräume. Die Rohre werden also zur Fortleitung der elektromagnetischen Wellen benutzt, die in ihnen in sogenannten Wellenmoden erregt werden und sich auch so fortpflanzen. Die Darstellung (Abb. 9) zeigt einige Beispiele solcher Rohrleitungen der Höchstfrequenztechnik. Der im Bild gezeigte Rohrtyp kann beispielsweise mit einer Leistung von rund 10 MW belastet werden. Das entspricht einer Leistung, mit der man, grob gesprochen, eine ganze Stadt, wie z. B. Cottbus, mit elektrischer Energie versorgen könnte. Schließlich will ich noch eine Darstellung einer sogenannten Kanalweiche zeigen (Abb. 10). Ähnliche analoge Einrichtungen könnte man auch mit mechanischen Filtern schaffen.

Die Wellen, die in Mikrowellen-Hohlleitungen fortgeleitet werden, erleiden dort natürlich auch eine Dämpfung. Im freien Luftraum wäre die entsprechende Dämpfungskonstante zwar kleiner, dafür würden sich aber durch Streueffekte große Verluste einstellen. Die im Rohr auftretende Dämpfung hängt natürlich von den Abmessungen und dem Material der Hohlleitung selbst und von dem Stoff, der die Hohlleitung erfüllt, ab. Aber das ist nicht allein das Entscheidende. Entscheidend ist vielmehr, daß unter sonst gleichen Bedingungen vor allem die Form der angeregten Welle, d. h. die Form der Wellenmode, einen großen Einfluß auf den Wert der Dämpfung ausübt. Für jede Form des Rohrleiters und für jede Wellenlänge läßt sich natürlich die Dämpfung errechnen bzw. messen. Trägt man sie ausgedrückt in dB/m in Abhängigkeit von der Frequenz für einen runden Rohrleiter von 10 cm ⌀ auf, dann erhält man für die verschiedenen Wellenmoden die Kurven in der Abb. 11. Auf der Abszisse ist die Frequenz in GHz aufgetragen, auf der Ordinate die Dämpfungskonstante α in dB/m.

Diese Kurvenübersicht zeigt, daß die hier aufgetragenen Wellenmoden E_{01} und die H_{11} eine mit wachsender Frequenz zunächst fallende Dämpfungscharakteristik haben, daß aber nach Erreichen eines Minimums die Dämpfung wieder ansteigt. Eine Ausnahme bildet die sogenannte H_{01}-Welle und natürlich auch alle übrigen Wellen von der Form H_{on}. Die Wellenform vom Typ H_{01} hat als Dämpfungskonstante eine mit größer werdender Frequenz asymptotisch gegen Null gehende Charakteristik. Das ist eine sehr entscheidende und praktisch bedeutungsvolle Feststellung, besagt sie doch, vereinfacht ausgedrückt, nichts anderes, als daß es möglich ist, in runden Rohrleitern im Gebiet sehr

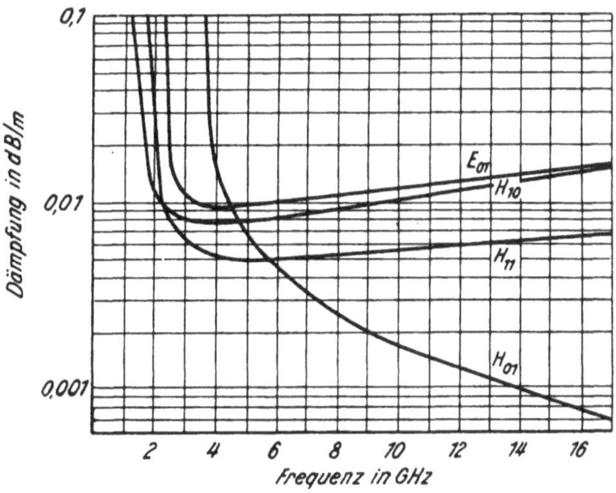

Abb. 11. Dämpfung in dB/m in Abhängigkeit von der Frequenz in GHz für ein rundes Rohr mit 10 cm ⌀

hoher Frequenzen elektromagnetische Wellen bei Anregung der H_{01}-Mode nahezu verlustfrei zu übertragen. Natürlich ist diese Darstellung zunächst simplifiziert. Sie trifft aber den wesentlichen Charakter einer solchen Übertragung. Versuche, die in der UdSSR durchgeführt wurden, haben ergeben, daß bei einer Wellenlänge von ca. 8 mm entsprechend ≈ 38 GHz und bei einem Rohrdurchmesser zwischen 50 und 60 mm eine Dämpfung von größenordnungsmäßig ca. $^{5}/_{10\,000}$ dB/m, verursacht durch ein ideal rundes Rohr, zu erwarten ist. Verluste von etwa der gleichen Größenordnung werden durch Absorption durch die das Rohr erfüllende Luft bzw. den entsprechenden Wasserdampfanteil verursacht und durch unvermeidbare Rohrtoleranzen und Rohrkrümmungen, die auch durch die Erdkrümmung bei größeren Übertragungsentfernungen erforderlich werden. Bei einer solchen Dämpfung rechnet man mit einem Verstärkerfeld (d. h. also einen Abstand der Verstärker) von ca. 50—60 km, wobei das gewählte breite Wellenlängenband zwischen 5 und 8 mm Wellenlänge eine Frequenzbandbreite von 23000 MHz — d. h. $23 \cdot 10^9$ Hz — zur Verfügung stellt. Man erhält so auch rein kostenmäßig pro Frequenzbandbreite außerordentlich günstige Werte. Zur Ergänzung sei noch eine Kurvendarstellung gezeigt (Abb. 12), welche die Absorptionskurven für Sauerstoff bzw. Wasserdampf, die im Rohr enthalten sind, wiedergibt. Es ist zu erkennen, daß bei ungefähr 8 mm Wellenlänge eine sehr niedrige Dämpfung sowohl für Wasserdampf als insbesondere für Sauerstoff vorliegt, währenddessen maximale Absorption bei ungefähr 5 mm Wellenlänge vorliegt. In Richtung nach kürzeren Wellenlängen nimmt andererseits aber die Dämpfung des Rohrkörpers ständig ab, so daß in der Tat mit einer Wellenlänge

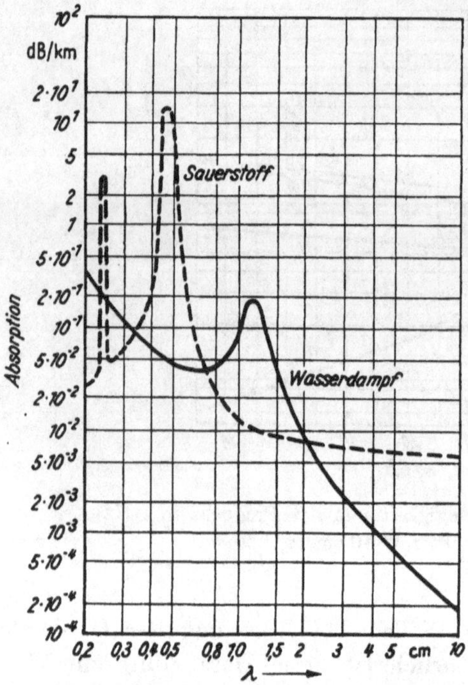

Abb. 12. Absorption durch Sauerstoff bzw. Wasserdampf in Abhängigkeit von der Wellenlänge

zwischen 5 und 8 mm der günstigste Wellenbereich mit Bezug auf die Gesamtdämpfung vorliegt. Dieser Millimeterwellenbereich ist aber gerade der, der heute anfängt, mit technischen Mitteln beherrschbar zu sein.

Was läßt sich nun mit einer solchen Rohrwellenleitung bezüglich der zur Verfügung stehenden Kanalkapazität der Leitung erreichen? Diese Frage läßt sich mit wenigen, aber markanten Zahlen beantworten! In dem der Betrachtung unterzogenen Frequenzbereich lassen sich Zehntausende von Telefonkanälen und zudem noch eine Bandbreite für Hunderte Fernsehkanäle oder Radardienste und mehr unterbringen.

Die angestellten Betrachtungen zeigten bereits, daß sich die verwendete Wellenlänge an der Grenze des heute beherrschbaren Bereiches bewegt, und deshalb stellt die technische Realisierung dieser Übertragung natürlich erhebliche Anforderungen auch an die Gerätetechnik und vor allem an die Technologie, die auch ein Bestandteil der wissenschaftlichen Forschung auf dem Gebiet der Technik ist. Die gewonnenen Ergebnisse rechtfertigen jedenfalls weitgehend jeden notwendigen wissenschaftlichen und technischen Aufwand. In der Sowjetunion fängt das Ergebnis dieser Technik an, eben Früchte zu tragen.

Nachdem ich soeben ein Teilgebiet der Übertragungstechnik angeschnitten habe, das sich, wie auch das zuvor behandelte, an der Front der technischen

Entwicklung befindet, sei es mir gestattet, nunmehr einen ebenso wichtigen Fragenkomplex zu umreißen, nämlich den der Erzeugung und der Verstärkung von elektromagnetischen Wellen. Dieses Problem spielt, physikalisch und technisch betrachtet, eine sehr große Rolle: Physikalisch gesehen bedeutet es die Erschließung des betreffenden Frequenzbandes, technisch gesehen setzt es in jedem Falle neue Anwendungsgebiete der Technik frei, die ihrerseits zu einer Erhöhung unseres Lebensstandards beitragen können.

Natürlich kann man grundsätzlich, wie dies vorwiegend in unseren Lichtquellen auch geschieht, alle Wellen thermisch erzeugen; eine solche Wellenerzeugung beruht bekanntlich auf der Temperaturbewegung der Materieteilchen, sie ist aber, wie wir schon erwähnten, inkohärent und zudem im Gebiet der Mikrowellen sehr schwach, außerdem überdeckt sie eine außerordentlich große Frequenzbandbreite. Sie besitzt also alle jene störenden Eigenschaften, die wir für viele Zwecke bei der Erzeugung von Wellen und ihrer Anwendung insbesondere auf dem Gebiet der Nachrichtentechnik gerade nicht wünschen. Bekanntlich bezeichnet man die soeben umschriebene störende Erscheinung als „Rauschen". Das Rauschen tritt nun leider auch überall dort auf, wo Ströme fließen, und seien sie noch so klein; oder eigentlich gerade, wenn sie besonders klein sind, tritt das Rauschen relativ stark in Erscheinung, denn die Träger des Elektrizitätstransportes sind ja schließlich die mit quantenhaften Ladungen versehenen Elektronen. Es ist also in der Tat gar nicht möglich, Wellen zu erzeugen oder zu verstärken, in denen das störende Rauschen überhaupt nicht enthalten ist. Deshalb wird versucht, den Rauschanteil gegenüber dem Anteil, den wir von einem idealen Generator oder Verstärker erwarten, so klein wie möglich zu halten. Die Erzeugung und die Verstärkung solcher Schwingungen war vor rund 30 Jahren noch allein der Elektronenröhre in ihrer klassischen Form vorbehalten Über die Physik dieser klassischen Röhren will ich hier nicht sprechen. Sie ist weitgehend bekannt und in vieler Richtung durchforscht. Die großen Erfolge dieser Röhren basierten im wesentlichen auf ihrer praktisch leistungslosen Steuerung, in welcher Richtung die klassische Elektronenröhre auch heute noch unerreicht ist, und sie beruhten auf ihrer allerdings im Bereich der damals allein beherrschten relativ niedrigen Frequenzen vorhandenen Trägheitslosigkeit. Bei hohen Frequenzen versagen diese klassischen Röhren bekanntlich einfach deshalb, weil die Laufzeit der Elektronen von ihrem Austritt aus der Katode bis zu ihrem Eintreffen auf der Anode in die Größenordnung der Periodendauer der zu verstärkenden oder zu erzeugenden Frequenz geraten. Mit den in klassischer Bauweise aufgebauten Röhren (etwa in Form der Scheibenröhre) gelingt es heute, auch bei Frequenzen in der Größenordnung von einigen GHz noch befriedigend zu verstärken und Schwingungen zu erzeugen. Aber ein weiteres Vordringen in das Gebiet noch höherer Frequenzen verhindern bei der Anwendung der klassischen Bauweise die durch die Abmessungen gegebenen Laufzeiteffekte. Hier stehen wir an einer echten Grenze. Eine Lösung kann grundsätzlich auf zweierlei Weise erreicht werden.

Der erste Weg würde über eine weitere Verbesserung und Verfeinerung der Technologie und damit der Klärung einer großen Zahl wissenschaftlicher Probleme führen. Diese Technologie müßte uns gestatten, Röhren mit erheblich kleineren Abmessungen zu bauen. Offensichtlich spielen dabei die Abmessungen, in denen wir uns bei unseren Technologien zur Zeit unseren eigenen Größenordnungen angepaßt bewegen, eine nicht zu unterschätzende Rolle, worauf ich noch zurückkommen werde.

Der zweite Weg kann nur über die Anwendung eines anderen physikalischen Prinzips führen, dessen Wirksamkeit von den erwähnten, für uns gewohnten und durch den derzeitigen Stand unserer Technologie festgelegten Abmessungen in geringerem Maße abhängig sein muß.

Der Fachmann weiß, daß unsere Entwicklung in den letzten 20 Jahren sich eines solchen neuen physikalischen Prinzips bedient hat, das, wie sich zeigte, in der Praxis zunächst relativ leicht realisierbar schien. Es ist das Prinzip der Anwendung der Laufzeiteffekte.

Wir werden uns auch mit ihm befassen.

Ich möchte jedoch einmal den Versuch unternehmen, wenn auch spekulativ, zunächst den ersten Weg zu beschreiten, der Forderungen mit Bezug auf die Abmessungen stellt. Unsere heute produzierten Verstärkerröhren, etwa die Subminiaturröhren, haben den Durchmesser etwa eines Bleistiftes und besitzen eine Länge von ca. 2—3 cm. Die als Nuvistoren entwickelten Röhren sind noch in allen Dimensionen rund um die Hälfte kleiner. Die höchsten Frequenzen, die man mit solchen Röhren verarbeiten kann, hängen direkt von ihren Abmessungen ab und natürlich auch von den technisch bei der Herstellung und beim Betrieb erreichbaren Toleranzen. Beim heutigen Stand der Technik und Technologie ist es mit diesen als klassisch zu bezeichnenden Ausführungsformen möglich, eine Frequenz bestenfalls in der Größenordnung von GHz zu erreichen. Hätten wir nun (und nun erlaube ich mir ein Gedankenexperiment, das utopisch erscheint) die Größe, sagen wir einmal, einer Ameise, dann würde es uns unter sonst gleichartigen Bedingungen, sagen wir einmal der Ameisentechnologie, und unter Verwendung der klassischen Bauart sicher gelingen, Röhren herzustellen, die um wenigstens 2—3 Größenordnungen kleiner wären als unsere heutigen Röhren. Sie hätten vielleicht die Größe eines winzigen Sandkorns. Damit würde aber die mit ihr beherrschte Wellenlänge ebenfalls um zwei Größenordnungen niedriger sein können. Darüber hinaus bedeutet eine Verkleinerung der Röhrenabmessungen bei der rapiden Erhöhung der in allen Einrichtungen erforderlichen elektronischen Bauelemente aber auch eine bedeutende Raum-, Gewichts-, Material- und Preisersparnis. — Ich will die bestehende Situation einmal an einem Beispiel aus der kapitalistischen Gesellschaftsordnung erläutern. Es ist leicht erkennbar, warum ich das Beispiel

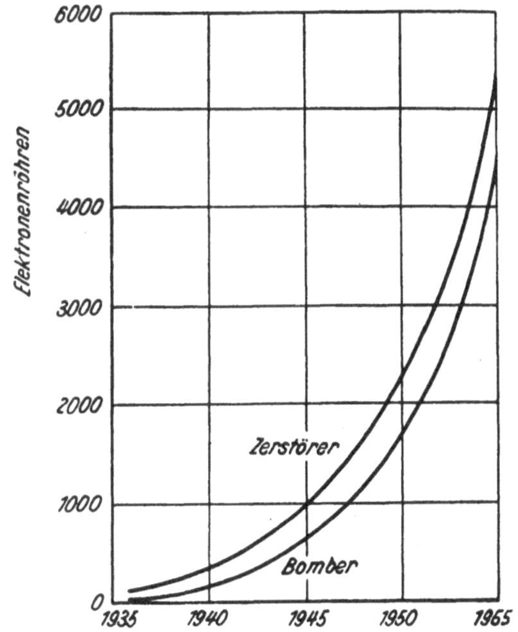

Abb. 13: Zahl der Elektronenröhren, die in den Jahren 1935 bis 1955 in einem amerikanischen Zerstörer bzw. Bomber benötigt werden. Der zeitliche Anstieg ist etwa exponentiell

gerade aus dem kapitalistischen Bereich wähle. Für diese ist es nämlich charakteristisch, daß sich der Stand ihrer technischen Entwicklung zuerst und sehr ausgeprägt in der Militärtechnik und deren Geräten auswirkt.

Ich bediene mich hier einer Kurve, die aus der amerikanischen Zeitschrift „Instruments and Automation“ entnommen wurde (Abb. 13), und die zeigt, wie die Zahl der Elektronenröhren gewachsen ist, die in einem amerikanischen Zerstörer oder in einem amerikanischen Bomber in den Jahren 1935—1955 eingebaut wurden. Die Grafik zeigt die geschichtliche Entwicklungskurve, aus der einige interessante Schlußfolgerungen zu ziehen sind. Sie zeigt, daß bereits im Jahre 1955 über 5000 Elektronenröhren in einem einzigen solchen, der Zerstörung gewidmeten Flugzeug eingebaut wurden. Darüber hinaus läßt die Kurve, die über der Zeit aufgetragen ist, die Tendenz der Entwicklung erkennen, nämlich daß auch hier ein etwa exponentieller Anstieg des Aufwandes an elektronischen Elementen vorliegt. Wieviel solche elektronische Elemente, mag man fragen, soll also ein Luftfahrzeug im Jahre 2000 enthalten? Und welcher Raum und welches Gewicht stehen zur Verfügung?

Schon diese wenigen Hinweise erhellen die Bedeutung der heute noch durch technologische Grenzen behinderten Miniaturisierung. Wir kommen damit zum Ausgangspunkt unseres Gedankenexperimentes zurück: zu dem Miniaturisierungsproblem. In diesem Zusammenhang ist es nämlich interessant, festzustellen, daß auf dem Gebiet der Technologie der Schaltungen in Verbindung

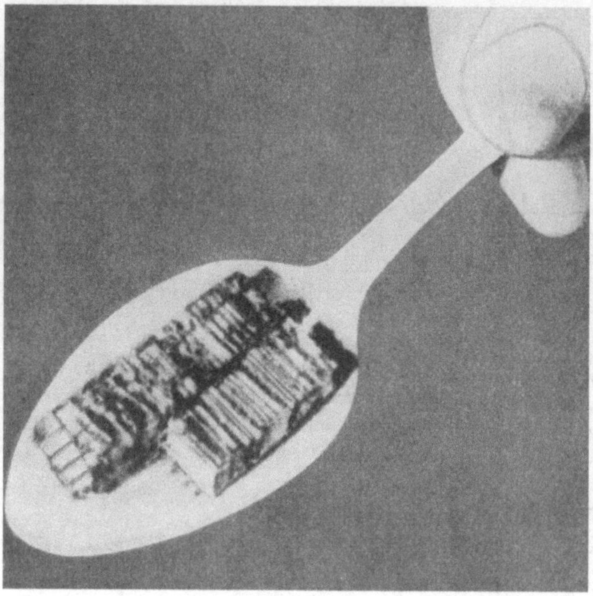

Abb. 14. Komplette Verstärkeranordnungen in Mikromodultechnik zum Vergleich auf einem Teelöffel

mit den Halbleiterbauelementen die Technik der Mikrominiaturisierung oder, wie sie offiziell genannt wird, der Molekularelektronik zur Zeit im internationalen Rahmen mit großem Aufwand entwickelt und ausgearbeitet wird. Eine Vorstufe stellt die Mikromodultechnik dar. Die Abbildung 14 zeigt zwei komplette Verstärkeranordnungen mit allen aktiven und passiven Elementen, die auf der Fläche eines Teelöffels untergebracht sind. Eine Weiterentwicklung ist mit der konventionellen Technologie nicht mehr möglich, sie läßt sich nur noch durch die bereits erwähnte Molekularelektronik erreichen. Ohne Zweifel wird in der Zukunft diese Technik und ihre Technologie eine überragende Bedeutung gewinnen. Es soll hier zunächst nur erwähnt werden, daß die Miniaturisierung und Verfeinerung der Technologie bei dieser Technik über den Weg der Foto-Lithografie geht, so daß also hier fotografisch verkleinerte Schaltungen mit ihren sämtlichen passiven und aktiven Elementen, wie Transistoren oder Halbleiterdioden, auf Flächen von wenigen Quadratmillimetern konzentriert untergebracht werden können. Das eben angeführte „Ameisen-Gedanken-Experiment“ ist also, wenn auch vorläufig auf einem speziellen Gebiet, in der geschilderten neuen Technologie schon Wirklichkeit geworden. Es war also gar nicht so abwegig, die Gedanken einmal in diese Richtung zu lenken.

Durch Anwendung der fotografischen Verkleinerung der Schaltungen und ihrer Elemente haben wir gewissermaßen den Maßstab unserer eigenen Größenordnungen auf den unseres Ameisenexperimentes reduziert. Ob es einmal möglich sein wird, diese oder eine ähnliche Technologie auch für die Miniaturisierung elektronischer Vakuumbauelemente vom Typ einer Elektronenröhre einzusetzen, diese Frage sei hier aufgeworfen mit dem Vermerk, daß an der Lösung auch dieses Problems intensiv gearbeitet wird.

Ich darf in diesem Zusammenhang aber noch auf ein Halbleiterbauelement hinweisen, das in zwei Veröffentlichungen des „Bulletin de la Société française des Électriciens" beschrieben ist (Oktober 1958, Nr. 94). Es handelt sich um das sogenannte Tecnetron, wie es ihre Erfinder TESZNER und THUÉ genannt haben. Dieses aktive elektronische Halbleiterbauelement ist auf der Basis unserer Erfahrungen auf dem Gebiet der Halbleiterbauelemente und zugleich der Elektronenröhren aufgebaut. Die Grundgedanken, soweit sie auf physikalische Vorgänge Bezug nehmen, sind seit längerer Zeit bekannt, vor allem durch das amerikanische Patent Nr. 1900018 mit dem Titel „Device for controlling electric current" von J. E. LILIENFELD. Es geht um ein Gerät, das es gestattet, in einem Halbleiter – verwendet wurde von LILIENFELD Kupfersulfid – eine Stromänderung durch ein elektrisches Feld zu erreichen. Dieser sogenannte „Feldeffekt" wurde unter Verwendung inzwischen bei den Halbleitern, vor allem an Germanium durch SHOCKLEY und andere gefundener und auch bei Transistoren ausgenutzter Möglichkeiten zum Bau eines speziellen Verstärkerbauelementes ausgenützt, das die Erfinder in ihren Patentschriften Tecnetron nennen. Das Tecnetron ist ein kleines Stückchen eines Halbleiters des *n*-Types von zylinderförmiger Form, an dessen Enden zwei Elektroden, unmittelbar mit dem Germanium verschweißt, angebracht sind. Der Zylinder hat eine Länge von etwa 2 mm und einen Durchmesser von etwa 0,5 mm. Er wird nach einem von den Erfindern ausgearbeiteten Ultraschallverfahren aus einer Germaniumscheibe, deren spezifischer Widerstand zwischen 5 und 15 Ohm/cm liegt, ausgeschnitten. Durch ein besonderes elektrolytisches Verfahren wird um den zylindrischen Germaniumkörper galvanoplastisch ein schmaler Ring aus Indium aufgebracht, so daß durch die bei dieser Technologie erfolgende Behandlung ein *p*-*n*-Übergang vorliegt, der eine der Gitter-Katodenstrecke einer Elektronenröhre in etwa entsprechende Gleichrichterstrecke darstellt. Dieses gewissermaßen als Halbleitertriode geschaffene Halbleiterbauelement kann durch Anbringen weiterer Elektroden zur Halbleitertetrode und schließlich zur Halbleiterpentode weiterentwickelt werden. Solche Einrichtungen liegen praktisch ausgeführt bereits vor.

Es ergibt sich nun, daß das Kennlinienfeld einer solchen Halbleiterpentode im Charakter dem einer Röhrenpentode mit vorerst allerdings noch erheblich kleinerer Steilheit entspricht. Interessant ist bei der Beurteilung praktisch ausgeführter Fertigungsmuster, daß der „Gitterstrom" bei normaler Arbeitspunkteinstellung einen Wert von nur etwa 2 μA ($2 \cdot 10^{-6}$ A) hat. Dieses als Tecnotron bezeichnete aktive Halbleiterverstärkerbauelement, das in seiner physikalisch-technischen Arbeitsweise natürlich den bekannten Transistoren

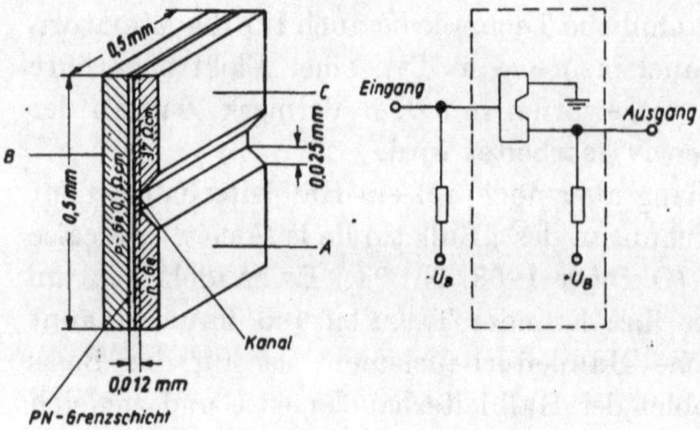

Abb. 15. Konstruktion und Schaltung eines Unipolar-Transistors. Links: konstruktive Ausführung bemaßt, rechts: Prinzipschaltung

mit „Feldeffekt"-Steuerung entspricht, kann mit Spannungen zwischen 30 und 120 Volt betrieben werden und liefert dabei einen steuerbaren Anodenstrom zwischen 1 bis 2,5 mA je Einzelelement. Für kleinen Leistungsbedarf kann die Betriebsgleichspannung bis auf 10 V reduziert werden.

Interessant sind die Ergebnisse, über die die Verfasser bezüglich der erreichbaren Frequenzgrenze berichten: Es wird angegeben, daß die Grenze zur Zeit bei etwa 500 MHz, entsprechend der Zeitkonstanten der Ersatzschaltung liegt. Die z. Z. noch unbefriedigende „Steilheit" des Einfach-Tecnotrons erhöhen die Verfasser durch Parallelschaltung mehrerer Tecnotrons, was wiederum in einer besonderen Technologie erfolgt, die es gestattet, bei kleinsten Abmessungen das gesamte Halbleiterelement auf einen Halbleiterbasisblock zu konzentrieren. Auch hier bewegt sich die Entwicklung in der Richtung auf eine Miniaturisierung der Bauelemente und ihrer Bausteine, was beispielhaft dadurch angedeutet werden soll, daß die Verfasser in der von ihnen ausgearbeiteten Technologie die Herstellung von Steuerelektroden von einer Länge von 10 µm (10 µm = $^{10}/_{1000}$ mm) in Rechnung stellen.

Ein ähnliches Halbleiterbauelement, das dem Ziel der Mikrominiaturisierung dient, ist in der Zeitschrift „electronics" (26. Juni 1959) beschrieben. Es ist ein Bauelement, das besonders dann zur Anwendung prädestiniert ist, wenn von ihm große Mengen in einer einzigen Einrichtung kombiniert zur Anwendung kommen können. Solche Einrichtungen sind bekanntlich die digitalen elektronischen Rechenmaschinen. Diese enthalten in großer Zahl sogenannte logistische Schaltelemente, welche die Algebra der Logik bei der Durchführung von Rechenaufgaben in digitalen Rechenmaschinen durch Schaltvorgänge realisieren. Beim Aufbau solcher Schaltungen benötigt man sowohl aktive als auch passive Schaltelemente, d. h. Verstärker bzw. Gleichrichter und Widerstände. Die Vielzahl der verlangten einzelnen Elemente kann man in einem kompakten Halbleiterblock zusammenfassen, wenn dieser bei seiner Herstellung zuvor einer entsprechenden Technologie unterzogen wird. So lassen sich auch Bauteile schaffen, die es gestatten, die

Mikro-Miniaturisierung so weit zu treiben, daß z. B. rund 1 Million bis einige 10^5 solcher einzelnen Schaltelemente, also vor allem Widerstände und Transistoren oder Dioden, auf einem Raum von 1 cm³ untergebracht werden können.

Als Beispiel einer logistischen Schaltkombination ist in Darstellung (Abb. 15) ein sogenannter direktgekoppelter, unipolarer, logistischer Transistor gezeigt. Die Abmessungen sind im Bild eingetragen. Seine Arbeitsweise läßt sich kurz wie folgt beschreiben:

Wenn der Basis dieses Halbleiterelementes (in der Darstellung mit B bezeichnet) gegenüber dem Emitter (mit A bezeichnet) ein negatives Potential gegeben wird, dann kommt längs der p-n-Trennschicht, vor allem an der Stelle des Einschnittes in das Material, durch die Feldeffektwirkung ein sehr hoher Widerstand von ca. 10—100 MOhm zustande. Wenn das Basispotential dagegen positiv gemacht wird, dann wird der Stromfluß zwischen Emitter und Kollektor freigegeben, wobei der Widerstand dann auf rund 5 kOhm absinkt. Die Anordnung, die in einem einzigen solchen kleinen Germaniumblock konzentriert ist, stellt also nichts anderes dar als ein elektronisches Relais, allerdings mit der Größenordnung von 0,5 auf 0,5 mm in der Grundfläche und etwa 0,1 mm in der Höhe. Solche Elemente benötigt man in Digitalrechenmaschinen in großer Zahl, um die logistischen Verknüpfungen in elektronischen Schalteinrichtungen zu realisieren.

Die Darstellung (Abb. 16) zeigt eine Kombination von 2 unipolaren Transistoren, die offensichtlich elektrisch hintereinandergeschaltet sind und so den Aufbau einer Additionsstufe ermöglichen. Ein praktisches Anwendungsbeispiel hierfür ist in Abb. 17 zu sehen. Links oben ist die logistische Blockschaltung, rechts das elektrische Schaltschema und links unten die Konstruktion angegeben. Die Eingänge A, B, C und D werden entsprechend elektrisch ge-

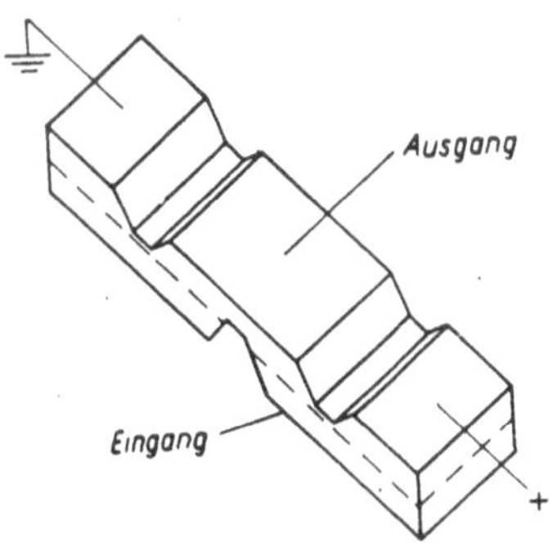

Abb. 16. Kombination zweier Unipolar-Transistoren zum Aufbau einer Additionsstufe in einer Rechenmaschine

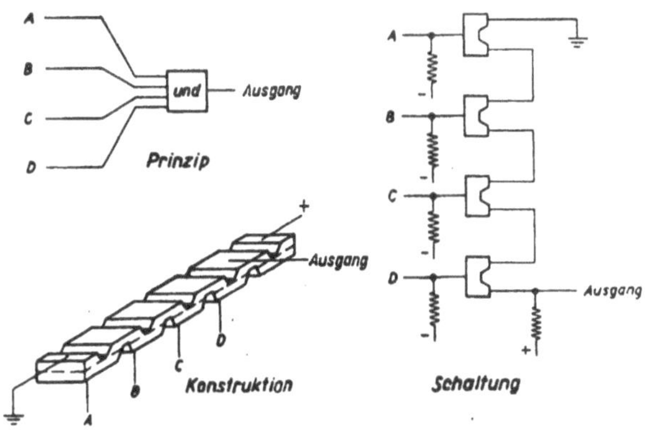

Abb. 17. Aufbau einer Additionsstufe mit 4 Unipolar-Transistoren

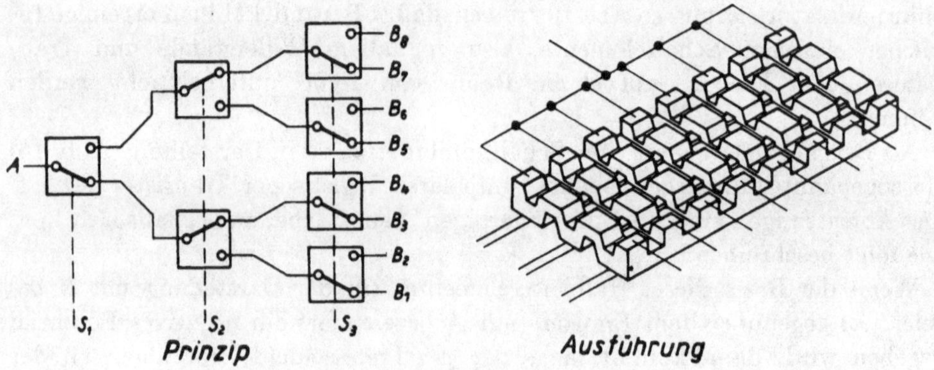

Abb. 18. Vielfachschalter aus 24 Unipolar-Elementen.
Links: Prinzipschaltung, rechts: konstruktive Ausführung

steuert, so daß durch diese Feldeffektsteuerung die bereits angegebenen Widerstände eingestellt werden. Da sämtliche Widerstände hintereinandergeschaltet sind, findet elektrisch eine Addition statt, die in Strom- bzw. Spannungswerte umgewertet werden kann.

Schließlich möchte ich noch mit der Darstellung (Abb. 18) das Prinzip und den Aufbau eines Vielfachschalters aus 24 unipolaren Elementen zeigen. Eine solche Einrichtung kann z. B. in digitalen Rechenmaschinen als Speicher (d. h. also als Gedächtnis) verwendet werden, natürlich aber auch zum Beispiel in allen Einrichtungen der Steuer- und Regeltechnik, in welchen binäre Schaltelemente zur Realisierung der gewünschten Vorgänge hinzugezogen werden müssen. Die eingangs bezeichneten Abmessungen sind besonders zu beachten, denn jedes Element hat nur eine Breite von 0,5 mm und eine Höhe von 0,1 mm.

Meine Absicht war es, hier einige interessante Beispiele der Mikrominiaturisierung anhand elektronisch gesteuerter Halbleiterwiderstände zu zeigen, die, im internationalen Maßstab gesehen, vorrangig in der Entwicklung stehen.

Alle diese Beispiele zeigten ein sinnvolles Zusammenwirken von physikalischen und technologischen Erkenntnissen und schließlich der Anwendung der mathematischen Logistik.

Nach diesen Zwischenbetrachtungen spezieller Probleme der Miniaturisierung an Halbleiterbauelementen kehren wir zurück zum Ausgangspunkt unserer Röhrenbetrachtungen. Es waren zur Erreichung weiterer Fortschritte zwei Wege als gangbar aufgeführt worden. Der erste Weg zur technischen Beherrschung höherer Frequenzen mit elektronischen Mitteln war die eben angeschnittene Miniaturisierung. Ein zweiter Weg, der es ermöglicht, in das Gebiet kürzerer Wellen vorzustoßen, führte, wie die Geschichte der letzten 20 Jahre zeigte, bei den Vakuumröhren über die Anwendung eines anderen

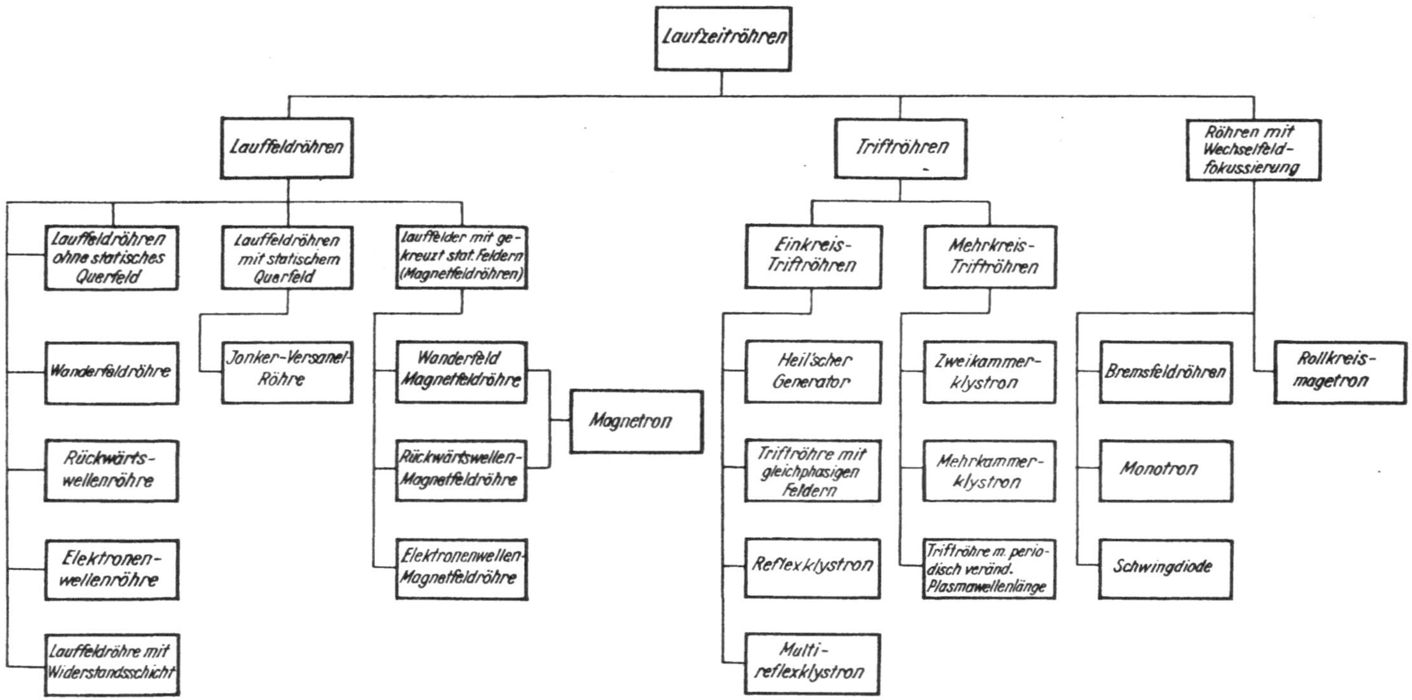

Abb. 19. Systematik der Laufzeitröhren

physikalischen Prinzips. Der Grundgedanke gipfelte darin, daß die bei den „klassischen Röhren“ bei den hohen Frequenzen auftretenden störenden Laufzeiteffekte nunmehr geradezu als Arbeitsgrundlage für eine neue Art von Röhren verwendet werden. Diese Röhren sind die dem Fachmann bekannten sogenannten Laufzeitröhren. Ihre Technik und Technologie ist auf internationaler Ebene in den letzten zwei Jahrzehnten zu hoher Vollkommenheit entwickelt worden. Dennoch wird an ihnen aber noch sehr intensiv gearbeitet. Die grundsätzlich bestehenden Möglichkeiten aber sind nach allen Richtungen durchforscht worden, und es gibt bereits eine weitgehend ausgearbeitete Systematik der Laufzeitröhren. Die folgende Darstellung (Abb. 19) zeigt drei Gruppen von Laufzeitröhren:

1. die Lauffeldröhren,
2. die Triftröhren,
3. die Röhren mit Wechselfeldfokussierung.

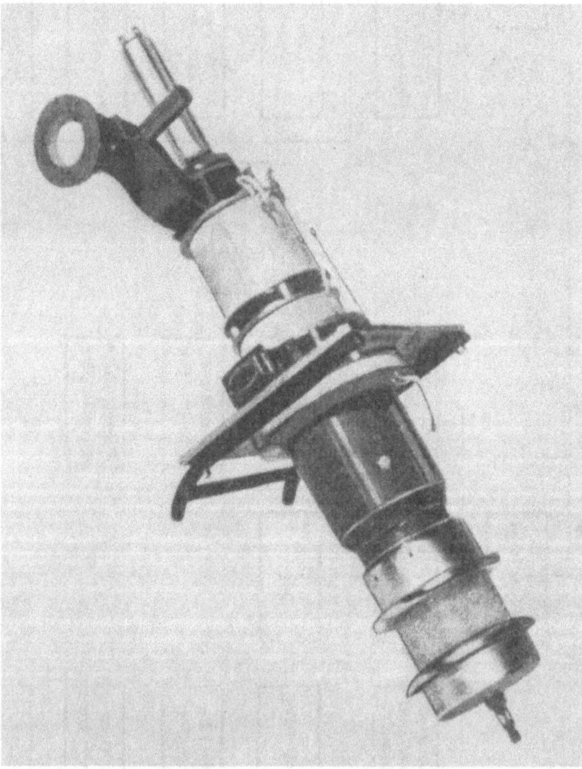

Abb. 20. Modernes Hochleistungsklystron
Impulsleistung 30 MW, Elektronenstrom 215 A bei 360 kV
(80 MW Eingangsleistung)

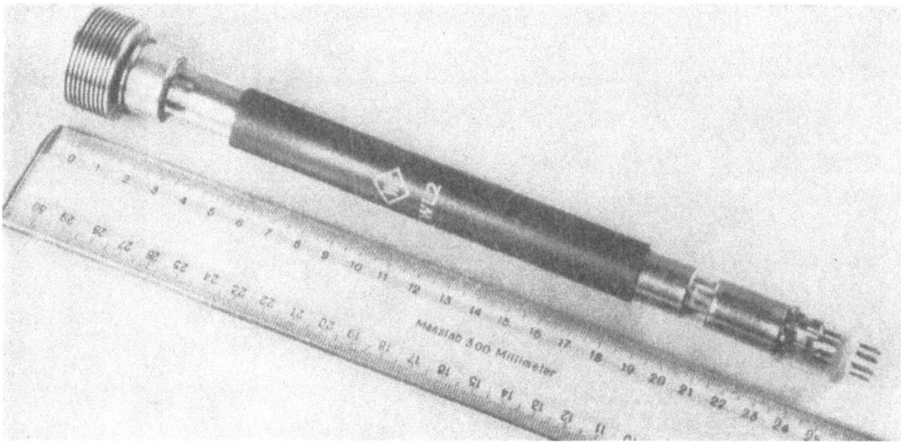

Abb. 21. Wanderfeldröhre

Eine solche Systematisierung ergibt sich aus einer Einteilung der Laufzeiteffekte, welche bewußt ausgenützt werden, und zwar

1. die Phasenfokussierung in einem Triftraum,
2. die Wechselwirkung zwischen einem Elektronenstrahl und einer synchron laufenden Welle,
3. die Wechselfeldfokussierung.

Jeden dieser Laufzeiteffekte kann man sich mit einer beliebigen Fokussierungsart kombiniert denken und erhält so die Vielfalt der einzelnen elektronischen Mikrowelleneinrichtungen, welche in die dargestellte Systematik eingetragen sind. Viele dieser Kombinationen sind aus prinzipiellen physikalischen und auch mathematischen Gründen wenig wirkungsvoll und daher zur Zeit bedeutungslos. Andere dagegen haben große Bedeutung erlangt, ein Teil befindet sich noch in der Untersuchung bezüglich der Möglichkeiten ihres weiteren Ausbaus, der vor allem durch die derzeitigen technologischen Grenzen bestimmt ist. Zu den Ausführungsformen, die wegen ihrer prinzipiellen Funktion besondere Bedeutung erlangt haben, gehören in der erstgenannten Klasse mit Phasenfokussierung im Triftraum die Triftröhren, vor allem das Zweikammer-Klystron und das Reflex-Klystron.

Ich zeige, um den internationalen Stand zu charakterisieren, ein modernes Hochleistungs-Impulsklystron in einer Darstellung (Abb. 20). Dieses Klystron arbeitet bei einer Frequenz von 3 GHz im Impulsbetrieb und gibt Impulsspitzen von ca. 30 MW ab. Die Eingangsleistung beträgt dabei 80 MW, der Elektronenstrahl besitzt eine Stromstärke von 215 A bei 360 kV.

Zur 2. Klasse der Ausnützung der Wechselwirkung zwischen Elektronenstrahl und Wanderfeld gehört die Wanderfeldröhre, die in Abb. 21 vorgestellt

Abb. 22. Magnetron für ca. 15 GHz und ca. 65 kW mit angebautem Rechteckhohlleiter (English Electric Valve Co. Ltd., England)

ist. Sie ist bekanntlich durch die Verarbeitung eines sehr breiten Übertragungsfrequenzbandes und durch ihre relativ günstigen Rauscheigenschaften gekennzeichnet.

Zur 3. Klasse der Wechselfeldfokussierung gehört vor allem das Magnetron, das ebenfalls in einer besonders weitgehend verfeinerten Technologie entwickelt vorliegt. Hier wird (Abb. 22) ein englisches Magnetron gezeigt, das seine Leistung in einen Rechteckhohlleiter liefert. Dem Fachmann sind diese Röhren bestens bekannt. Ihre Weiterentwicklung nach höheren Frequenzen ist weitgehend wiederum eine Frage der wissenschaftlichen Klärung technologischer Probleme und des Vorhandenseins eines großen Stabes geeigneter Fachkräfte in entsprechend modern eingerichteten Laboratorien. Es soll an dieser Stelle mit Nachdruck vermerkt werden, daß das Vorhandensein dieser Röhren den internationalen Stand der Technik darstellt. Ihre Existenz bildet überhaupt erst die Grundlage zum Arbeiten auf dem Gebiet der Technik der Mikrowellen. Auf diesem Gebiet stehen in unserer DDR noch sehr große Leistungen an. Der Fachmann legt sich die Frage vor, ob die eminente in die

Perspektive weisende Bedeutung dieses Spezialgebietes, ohne dessen Vorhandensein ganze technische Zweige blockiert sein müssen, zur Genüge erkannt ist.

In neuerer Zeit hat nun ein an sich schon sehr altes Prinzip für die Erzeugung und Verstärkung von Schwingungen hoher Frequenz Bedeutung gewonnen. Dieses hat, nachdem eine weiter entwickelte Technologie seine Anwendung vor allem auch auf die Gebiete der Mikrowellentechnik zu übertragen gestattet, im internationalen Rahmen ein ständig größeres Anwendungsgebiet gefunden. Ich meine die sogenannte parametrische Resonanz und den parametrischen Verstärker. In der Technik sehr hoher Frequenzen verspricht der parametrische Verstärker einen bedeutenden Platz einzunehmen. Er ist von außerordentlicher, nicht zu überbietender Einfachheit und hat vor allem eine sehr niedrige Rauschzahl. Er braucht, um diese niedrigen Rauschzahlen zu erreichen, nicht wie etwa der Maser bei niedrigen Temperaturen betrieben werden, wenn auch die Anwendung niedriger Temperaturen eine weitere Verbesserung bringt. Die genannten Eigenschaften machen ihn sehr geeignet, die Funktion der Verstärkerröhre in dem an Wichtigkeit ständig zunehmenden Mikrowellengebiet zu übernehmen. Bezüglich seiner Rauscheigenschaften scheint auf Grund der zur Zeit vorliegenden Untersuchungen der parametrische Verstärker etwa zwischen dem Maser und einer Spezialentwicklung einer Wanderfeldröhre zu liegen.

Es sei mir gestattet, die prinzipiellen Vorgänge zu erläutern. Wie schon der Name sagt, kommt parametrische Resonanz zustande, wenn in einem Resonanzkreis ein Parameter mit geeigneter Amplitude und Frequenz verändert wird. Ein normaler Schwingungskreis besteht aus Induktivität L und Kapazität C sowie aus dem unvermeidlichen Verlustwiderstand R, der übrigens auch die Quelle der Rauscherscheinungen darstellt. Als Parameter, der einer zeitlichen Veränderung unterzogen wird, kommt ein Blindwiderstand, also die Kapazität oder die Induktivität des Schwingungskreises, in Frage. Aus Gründen der

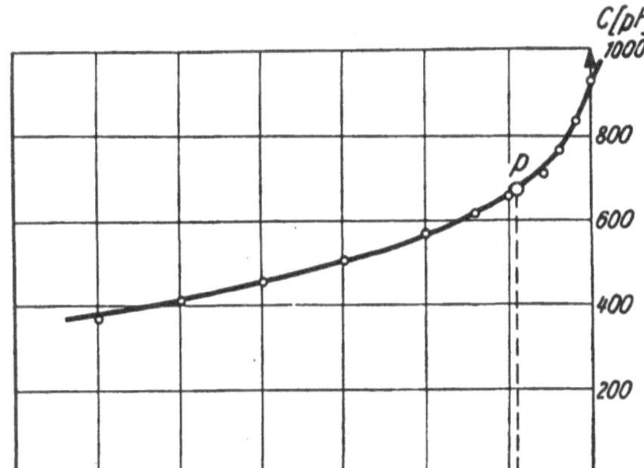

Abb. 23. Diode mit steuerbarer Kapazität (Kennlinie)

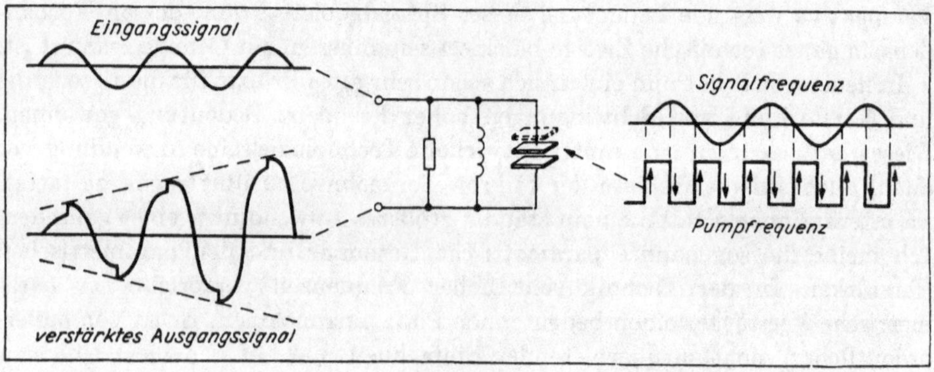

Abb. 24. Anschaulich-physikalische Darstellung der grundsätzlichen Vorgänge beim parametrischen Verstärker mit mechanisch gesteuertem Kondensator

leichteren Realisierbarkeit verwendet man eine veränderliche Kapazität. Sie kann in Form einer Halbleiterdiode eingeführt werden. Die Halbleiterdiode als veränderliche Kapazität ist altbekannt, z. B. durch ihre langjährige Anwendung bei der Scharfabstimmung im Oszillator von Rundfunkempfängern. Durch Verändern der die Diode steuernden Spannung wird ihre wirksame Kapazität beeinflußt. Abb. 23 zeigt die Abhängigkeit der Kapazität von der Vorspannung einer Diode. Solche Kapazitätsdioden werden auf dem internationalen Markt bereits in verschiedenen Ausführungen und mit verschiedenen Charakteristiken angeboten. Ihre veränderbare Kapazität bildet die Grundlage des Betriebes des parametrischen Verstärkers. Da die Diode außer ihrer Kapazität einen reellen Widerstand besitzt, ist dieser ebenso wie der Verlustwiderstand des Kreises eine Quelle von unerwünschten Rauscherscheinungen, zu denen noch einiges zu sagen bleibt. Anhand der Darstellung (Abb. 24) sollen zunächst rein anschaulich-physikalisch die Vorgänge erläutert werden. Der zu untersuchende Schwingungskreis (Mitte) enthält in der vorliegenden Schaltung einen Kondensator, dessen Kapazität zur Erleichterung der Anschaulichkeit durch Verändern des Plattenabstandes beeinflußt wird. Am Schwingungskreis liegt die zu verstärkende Wechselspannung, deren Frequenz der Resonanzfrequenz des Schwingungskreises entspricht. Bei Erregung des Kreises werden am Plattenkondensator Spannungsmaxima und Spannungsnullwerte auftreten. Denkt man sich die Kapazität durch Variation des Plattenabstandes des Kondensators so verändert, daß, sobald die Spannung am Kondensator ein Maximum (im positiven oder negativen Sinn) wird, die Kapazität des Kondensators sinkt, so erhöht man bei gleichbleibender Ladung auf dem Kondensator durch die Verringerung der Kapazität die Spannung am Kondensator. Bei diesem Vorgang wird natürlich Energie aufgewandt. Sie muß von einer äußeren Energiequelle geliefert werden und wird dem beschriebenen Vorgang gemäß also in den Schwingungskreis hineingepumpt. Die

Frequenz der Kapazitätsvariation muß offenbar z. B. den doppelten Wert der Signalfrequenz haben. Man nennt sie Pumpfrequenz (ω_p). Sobald die Spannung am Kondensator den Nullwert durchläuft, wird der Plattenabstand wieder in die Ausgangslage zurückgebracht. Dabei wird natürlich keine Energie umgesetzt, denn der Kondensator hat zu diesem Zeitpunkt keine Ladung. Die Veränderung des Plattenabstandes kann somit ohne Kraftaufwand erfolgen. In der 2. Halbperiode der Signalschwingung wiederholt sich der gleiche Vorgang wiederum zum Zeitpunkt maximaler Spannung, so daß während jeder Periode zweimal Energie in den Kreis hineingepumpt wird. Grundsätzlich könnte natürlich der gleiche Effekt auch durch eine entsprechende Veränderung der Induktivität erreicht werden.

Mathematisch läßt sich dieser Vorgang bei Schwungradschaltung von L, C, R und ohne Störglied (d. h. ohne Erregerspannung) wie folgt beschreiben:

$$L \cdot \frac{di}{dt} + \frac{Q}{C} + R \cdot i = 0, \tag{1}$$

oder wenn man den Strom i durch die Ladung Q ausdrückt

$$\frac{d^2Q}{dt^2} + \frac{R}{L}\frac{dQ}{dt} + \frac{1}{LC(t)} \cdot Q = 0. \tag{2}$$

Wählt man als zeitlich veränderlichen Parameter die Kapazität und vollzieht die Kapazitätsänderung nach der Zeitfunktion

$$C(t) = \frac{C_0}{\left(1 + \frac{\Delta d}{d} f(\omega_p t)\right)}, \tag{3}$$

was einem periodischen Schwingen der Kondensatorplatten mit der Frequenz ω_p und der relativen Amplitude $\frac{\Delta d}{d}$ entspricht (d = Plattenabstand), dann erhält man

$$\frac{d^2Q}{dt^2} + \frac{R}{L} \cdot \frac{dQ}{dt} + \frac{Q}{L \cdot C_0}\left(1 + \frac{\Delta C}{C_0} f(\omega_p t)\right) = 0. \tag{4}$$

Die vorliegende Differentialgleichung ist eine abgewandelte Form der MATHIEUschen bzw. HILLschen Differentialgleichung, die durch den Ansatz

$$Q = e^{-\frac{R}{2L}t} \cdot q = e^{-\delta t} \cdot q$$

in die Form

$$\frac{d^2q}{dt^2} + \left[\frac{1}{LC_0}\left(1 + \frac{\Delta C}{C_0} f(\omega_p t)\right) - \delta^2\right] q = 0 \tag{5}$$

gebracht werden kann. Setzt man noch für $\frac{1}{LC_0} = \omega_0^2$ und für $\omega_p t = x$, dann erhält man mit

$$\frac{d^2q}{dx^2}+\left[\frac{(\omega_0^2-\delta^2)}{\omega_p^2}+\frac{\omega_0^2}{\omega_p^2}\frac{\Delta C}{C_0}f(x)\right]\cdot q=0, \tag{6a}$$

bzw. vereinfacht dargestellt mit

$$\frac{d^2q}{dx^2}+(\lambda+\gamma\cdot f(x))\cdot q=0, \tag{6b}$$

die HILLsche Differentialgleichung. Die Invariante soll, wie angenommen, einer periodischen Funktion $f(\omega_p t)$ gehorchen. Diese HILLsche Differentialgleichung ist in der Literatur ausführlich beschrieben, vor allem sind auch für die bei verschiedenen periodischen Veränderungen der parametrischen Größe sich ergebenden Lösungsfunktionen, z. B. für sinusförmige Variation des Parameters durch MATHIEU [1], für mäanderförmige durch MEISSNER [2], für Dreieckskurven durch SCHWERIN [3] usw. sogenannte Stabilitätskarten berechnet und aufgezeichnet worden, von denen ich des Interesses wegen nur die auf mäanderförmige Variation des Parameters $C(t)$ zutreffende in Abbildung 25 zeige.

Die schraffierten Gebiete sind stabil, in den weißen Flächen tritt Schwingungserregung auf, eine Möglichkeit, die bereits eingangs physikalisch-anschaulich vorausgesagt wurde.

Weiter wollen wir hier von den so bekannten Lösungen der HILLschen Differentialgleichung keinen Gebrauch machen.

Ich beabsichtige nun, eine Vorstellung über den Energieumsatz zu geben, der sich bei dem Vorgang gemäß der bereits gezeigten Abbildung 24 abspielt. Es wird sich nämlich zeigen, daß die parametrischen Kapazitätsveränderungen eine bestimmte Mindestgröße haben müssen, damit eine Resonanzschwingung überhaupt zustande kommt. Das ging auch schon aus dem Stabilitätsdiagramm hervor.

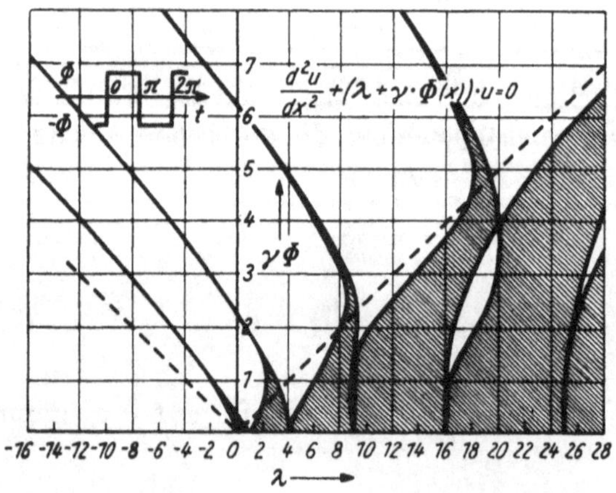

Abb. 25. MEISSNERsche Stabilitätskarte für Mäanderverlauf des Parameters. Die schraffierten Gebiete sind stabile Gebiete

Nehmen wir eine mäanderförmige Veränderung der parametrischen Kapazität mit doppelter Signalfrequenz $\omega_p = 2\omega_s$ an. Die im Kondensator C_0 maximal vorhandene Ladung sei mit q, die zugehörige Energie mit E_0 bezeichnet. Diese ist also

$$E_0 = \frac{1}{2} \cdot \frac{q^2}{C_0}. \tag{7}$$

Wenn sich der Plattenabstand von d auf $d + \Delta d$ vergrößert und damit die Kapazität von C_0 auf $C_0 - \Delta C$ verkleinert wird, dann ist die jetzt im Kondensator gespeicherte Energie

$$E_1 = \frac{1}{2} \frac{q^2}{C_0 - \Delta C} \approx E_0 \cdot \left(1 + \frac{\Delta C}{C_0}\right) = E_0 + E_0 \frac{\Delta C}{C_0}. \tag{8}$$

Die bei diesem Prozeß mechanisch zugeführte Energie wird also

$$\Delta E_m \approx E_0 \frac{\Delta C}{C_0}. \tag{9}$$

Sie wird während jeder halben Periode der Schwingung zugeführt. Wegen seiner natürlichen elektrischen Dämpfung verliert der Kreis aber in jeder Halbperiode eine bestimmte Menge seines Energieinhaltes. Er läßt sich aus der Güte Q des Kreises bestimmen, denn in jeder Halbperiode wird der Q/π-te Teil der schwingenden Blindenergie in Wärme (bzw. Strahlung) umgesetzt. Also ist

$$\Delta E_r = E_0 \frac{\pi}{Q}. \tag{10}$$

Soll sich eine vorhandene Schwingung aufrecht erhalten, dann muß also

$$\Delta E_m \geqq \Delta E_r \tag{11}$$

sein, was bedeutet, daß

$$\frac{\Delta C}{C_0} \geqq \frac{\pi}{Q}. \tag{12}$$

In jedem Falle klingt eine einmal vorhandene Schwingung langsamer ab, als sie dies ohne Vorhandensein des „Pumpeffektes" tun würde. Es findet somit eine Entdämpfung des Kreises statt. Ist die Bedingung $\Delta E_m > \Delta E_r$ erfüllt, dann nimmt die Schwingungsenergie, wie aus (8) zu entnehmen ist, stets um den gleichen relativen Wert zu. Die Schwingung schaukelt sich also exponentiell auf, was bedeutet, daß ein konstanter negativer Dämpfungsexponent vorliegt (negative Dämpfungskonstante). Offenbar läßt sich also die entdämpfende Wirkung des Pumpprozesses durch einen negativen zusätzlichen Arbeitswiderstand ausdrücken, der die zur Schwingungsaufrechterhaltung erforderliche Energie liefert. Die unerwünschte, durch den Dämpfungswiderstand verursachte Rauschspannung bleibt natürlich als „Störung" erhalten. Sie wird durch den hinzutretenden negativen Widerstand nicht kompensiert (fehlende Kohärenz). Die Größe des negativen Widerstandes läßt sich leicht bestimmen. Die durch die Pumpleistung verursachte Dämpfungsänderung ist, wenn man (12) benützt

$$1/\Delta Q = \frac{\Delta C}{\pi C_0}.$$

Für Addition von Güten gilt wegen

$$Q_1 = \frac{\omega L}{R_1}$$

und

$$Q_2 = \frac{\omega L}{R_2}$$

die Regel $1/Q_{ges} = 1/Q_1 + 1/Q_2$, somit erhält man als Güte des Kreises, der mit Pumpleistung gespeist wird

$$1/Q' = \left(1/Q_0 - \frac{\Delta C}{\pi \cdot C_0}\right). \tag{13}$$

Natürlich kann man die Güte des parametrischen Verstärkers so hoch treiben, daß er schwingt ($1/Q' = 0$) und damit als Generator arbeitet. Durch entsprechende Einstellung der parametrischen Veränderung von C bzw. L können so theoretisch zwar beliebig hohe Werte für die Güte Q' des Kreises erreicht und somit auch beliebig hohe Verstärkungen erzielt werden, doch sind in der Praxis hier ähnliche Grenzen gesetzt wie sie auch bei einem rückgekoppelten Röhrenverstärker vorliegen. Sie sind durch kleine Unstabilitäten des Betriebszustandes gekennzeichnet, die sich in der Nähe des Schwingungseinsatzpunktes besonders stark bemerkbar machen.

Was den parametrischen Verstärker von anderen Verstärkern, gleich bei welcher Kreisfrequenz betrieben, auszeichnet, ist seine außerordentliche Einfachheit und sein niedriger Rauschpegel. Es läßt sich grundsätzlich ein Schwingungskreis aufbauen, der praktisch nur Blindwiderstände enthält, wenn man sich bemüht, die natürlichen Verlustwiderstände gering zu halten und zudem den Kreis unterkühlt, um damit die Verluste und zugleich die Rauschtemperatur entsprechend der Nyquist-Beziehung zu reduzieren. Damit ist der parametrische Verstärker und Generator heute generell der einzige Verstärker, der praktisch nahezu rauschfrei arbeiten kann. Es unterliegt keinem Zweifel, daß er besonders dort eine große Bedeutung erlangen wird, wo wegen kleiner Empfängerleistungen auch nur kleine Rauschleistungen zugelassen sind, also z. B. im Bereich der Nachrichtenübertragung auf sehr große Entfernung mit sehr kurzen Wellenlängen oder zur Aufdeckung sehr weit entfernter Ziele bei Radarmessungen oder in der Radioastronomie usw.

In diesem Zusammenhang ist es sicher interessant, auf die Ausführungen hinzuweisen, die anläßlich der Internationalen Tagung „Mikrowellenröhren" im Juni dieses Jahres in München gemacht wurden. H. HEFFNER (Stanford/USA) teilte in seinem Vortrag mit, daß mit parametrischen Verstärkern auf Halbleiterbasis besonders rauscharme Einrichtungen im Mikrowellengebiet aufgebaut werden können, wenn man die Dioden unterkühlt. Er gab an, daß für ungekühlte Dioden Rauschtemperaturen von 60—100° K typisch sind, während bei der Temperatur des flüssigen Heliums betriebene Verstärker bei 6000 MHz eine Rauschtemperatur von nur 20° K aufweisen. Man kann parametrische Verstärker auch unter Benutzung von Plasmawellen und Elektronenstrahlen aufbauen, sie zeigen aber ein wesentlich höheres Rauschen.

M. UENOHARA (Murray Hill/USA) berichtete dazu, daß für Verstärker mit Germanium- und Gallium-Arsenid-Dioden die Temperaturen bis zur Temperatur des flüssigen Stickstoffes proportional der Diodentemperatur seien, während dieses Ergebnis nicht für Si-Dioden wegen des starken Einflusses von Streuprozessen an den Verunreinigungen des Materials gilt. Im übrigen wurde berichtet, daß die Rauschzahl solcher Verstärker auch von der Pumpleistung abhängt.

Im zweiten Teil der Behandlung des parametrischen Verstärkers zeige ich Ihnen ein Beispiel einer ausgeführten Anordnung. Abb. 26 zeigt das, was der Fachmann einen Hohlraumresonator oder einen Topfkreis nennt.

Die Abbildung zeigt einen kompletten parametrischen Verstärker, der einen Hohlraum enthält, eine Schleife zur Einführung der Pumpleistung, eine Diode in der Mitte und die entsprechenden Signalein- und -ausgänge. Das hier vorliegende Modell arbeitet mit einer Pumpfrequenz von $\omega_p = 3500$ MHz, die

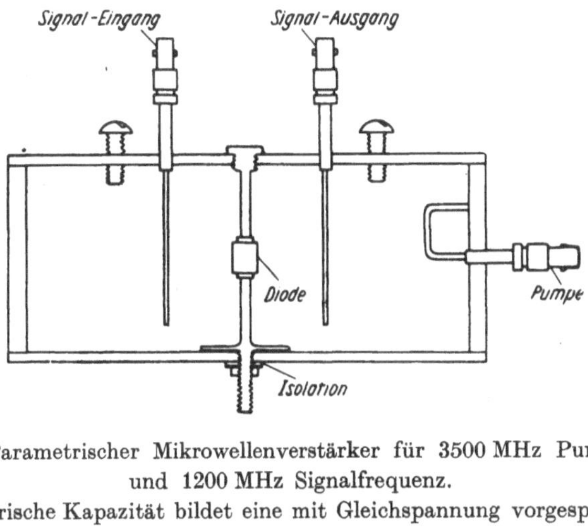

Abb. 26. Parametrischer Mikrowellenverstärker für 3500 MHz Pumpfrequenz und 1200 MHz Signalfrequenz.
Die parametrische Kapazität bildet eine mit Gleichspannung vorgespannte Diode

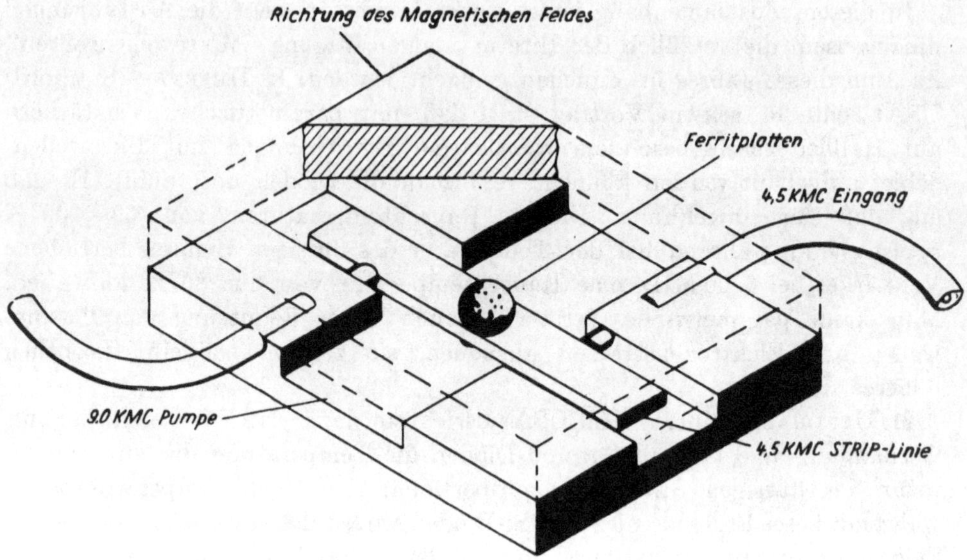

Abb. 27. Ferromagnetischer Mikrowellenverstärker, der die magnetische Resonanz eines Ferritkörpers zur Kopplung zweier Mikrowellenkreise ausnützt

über die Schleife eingeführt wird. Die Ausführung ist, wie man sieht, von verblüffender Einfachheit und kann hierin kaum noch überboten werden. Der Schwingungskreis arbeitet auf einer Signalfrequenz von 1200 MHz und es ergibt sich so eine Lehrlauffrequenz als Differenz zwischen der Pumpfrequenz und der Signalfrequenz von 2300 MHz. Sie wird in der internationalen Literatur als sogenannte Idler-Frequenz (d. h. als „nutzlose Frequenz") bezeichnet. Die Verstärkung dieser Einrichtung beträgt ungefähr 40 dB ... entsprechend einer Spannungserhöhung von 1 : 100. Auch bei dieser Anordnung gilt, wie bei Röhrenverstärkern, daß das Produkt aus $V \cdot B$, also aus Verstärkung mal Bandbreite konstant ist.

Außer der Verwendung von Dioden als steuerbare (also nichtlineare) Reaktanz haben sich noch Ferrite und modulierte Elektronenstrahlen als brauchbar für den Aufbau von parametrischen Verstärkern erwiesen.

In Abb. 27 soll ein Beispiel eines parametrischen Verstärkers gezeigt werden, der die magnetische Resonanz eines im Wechselfeld befindlichen Ferritkörpers zur Kopplung zweier Mikrowellenkreise ausnützt. Die Abbildung zeigt den ferromagnetischen Mikrowellenverstärker, in den als Pumpfrequenz über einen Rechteckhohlleiter (Mitte unten) 9000 MHz eingeführt werden. In der Mitte befindet sich der die Verkopplung beider Kreise bewirkende Ferritkörper. Dieser wird durch ein magnetisches Gleichfeld magnetisiert, wodurch sich die Elektronen, die vermöge ihres Spins ein magnetisches Moment besitzen, in die

Richtung des Gleichfeldes zu stellen versuchen. Sie präzessieren mit einer Frequenz ω_p, die proportional zum angelegten Gleichfeld ist gemäß $\omega_p = \gamma \cdot H$.

Wenn nun zudem das hochfrequente Feld, das als Pumpfrequenz die gleiche Frequenz ω_p besitzt, angelegt wird, so verstärkt dieses die Präzession, wobei ihm Energie entzogen wird. In diesem Zustand kann aber das Ferritmaterial weitere in ihm vorhandene Wellentypen (wie schon oben beschrieben) koppeln, es bildet also gewissermaßen das parametrische Koppelelement, das nun bereits zwei Kreise miteinander verkoppelt. Im Falle des vorliegenden Beispiels sind beide Kreise auf die gleiche Frequenz von 4500 MHz abgestimmt, so daß also am Ausgang die ursprüngliche Frequenz mit verstärkter Amplitude auftritt.

Zweifellos wird in der Zukunft dem parametrischen Verstärker eine große Bedeutung zukommen, und es werden in der internationalen Literatur bereits Ergebnisse seiner praktischen Anwendung z. B. zum Auffinden sehr schwacher Signale in der Radartechnik, bei Überreichweiteverbindungen und in der Radioastronomie angegeben. Interessant ist aber auch eine in der Zeitschrift „Control Engineering" (6. April 1959) von dem Japaner H. Tereda unter dem Titel „The parametron. An amplifying logic element" beschriebene Anordnung, die in digitalen Rechenmaschinen Verwendung findet und als Verstärker, als Schieberegister, als logisches Plus-Tor, als logisches Mal-Tor und als Inverter arbeitet. Alle Anordnungen werden auf der Basis der parametrischen Verstärkung arbeitend mit kleinen Eisenkernspulen und kleinen Kondensatoren, die die Schwingungskreise bilden, aufgebaut. Der Vorteil dieser gegenüber den bisher bekannten Methoden beruht darin, daß unter Verwendung des beschriebenen Parametrons Rechenmaschinen mit Trägerfrequenzen bis zu 2,5 MHz und Impulswiederholungsfrequenzen bis zu 30 kHz aufgebaut werden können und daß bei niedrigeren Frequenzen der Energieverbrauch der Anlage um vieles geringer wird als bei den bisher üblichen. Es scheint uns also, daß man dieser Entwicklung, zu der auch in Amerika Tendenzen zu erkennen sind, die ihr gebührende Aufmerksamkeit auch bei uns schenken sollte.

In meinem heutigen Beitrag zu dem wichtigen Problem von „Entwicklungstendenzen auf dem Gebiet der Elektronik" habe ich mich bemüht, aus einigen wichtigen Teilgebieten der Elektronik Entwicklungstendenzen an Hand von konkreten Beispielen aufzuzeigen. Der Breite des Gebietes Elektronik entsprechend würde es natürlich möglich sein, solche Darlegungen beliebig zu erweitern. Man könnte sie auf den ferromagnetischen Wanderwellenverstärker, auf den superregenerativen parametrischen Verstärker, auf die quantenmechanischen oder Molekularverstärker in ihrer Form als NH_3-Maser, als Festkörpermaser, als Kernquadrupolmaser, als Protonenmaser oder auf Gebiete ihrer Anwendungsmöglichkeiten erstrecken. Die Darstellung einer Vielfalt neuentdeckter Erscheinungen schien mir aber nicht das wesentliche zu sein, vielmehr schien mir wichtiger, an Hand einiger typischer und leicht faßlicher Beispiele aus dem Gebiet der Elektronik, die bereits zur Anwendung drängen, die Entwicklungstendenzen aufzuzeigen.

Das Tempo der Entwicklung folgt einem exponentiellen Gesetz! Das fordert für ein Land, das Schritt halten will mit dem Weltstand in der Entwicklung von Wissenschaft und Technik die Beobachtung der leisesten Strömungen, das bedeutet die Heranziehung und die Ausbildung eines hervorragenden wissenschaftlichen Nachwuchses in Qualität sowohl als auch in Quantität, das verlangt eine wirkungsvolle Konzentration der Kräfte auf die wesentlichen, für unser an Bodenschätzen armes Land, also auf die intelligenzintensiven Aufgaben, und das bedeutet, im Rahmen einer gezielten Planung den Mut zu haben, nicht auf allen Gebieten die vorhandenen Kräfte erschöpfen zu wollen. Alle von mir aufgezeigten und auch die offen gebliebenen Probleme zeigen eine eindeutige Tendenz auf dem Gebiet der Elektronik (und nicht nur auf diesem Gebiet): In Wissenschaft und Technik entwickelt sich eine immer verfeinertere Methodik in der Anwendung physikalischer, mathematischer, aber vor allem auch technologischer Erkenntnisse. Besonders aber die letzteren bestimmen auf allen Gebieten gegenwärtig und vor allem bei uns das Tempo des Fortschrittes. Andererseits wachsen unsere Erkenntnisse in raschem Tempo in Breite und Tiefe. Schritthalten mit einer solchen Entwicklung heißt sie im internationalen Maßstab verfolgen, ihre Tendenzen erkennen, die wesentlichsten Probleme aufgreifen, sie kollektiv bearbeiten und auf wissenschaftlicher Ebene eine Technologie entwickeln, die eine rasche Überführung der Ergebnisse in die Praxis sicherstellt.

Literatur

[1] Mathieu, E., Mémoire sur le mouvement vibratoire d'une membrane d'une forme elliptique. J. Math. (Lionville) (2) Bd. **13**, 1868, S. 137.
Cours de physique mathématique. Gauthier-Villars, Paris 1873.

[2] Meissner, E., Über Schüttelerscheinungen in Systemen mit periodisch veränderlicher Elastizität. Schweiz. Bauzeitung **72** (1918).

[3] Schwerin, E., Über Schüttelschwingungen gekoppelter Systeme. Z. Techn. Physik **10** (1929) 37.

Akademiemitglied Prof. Dr. KURT SCHRÖDER

Direktor des Instituts für angewandte Mathematik und Mechanik der Deutschen Akademie der Wissenschaften zu Berlin, Rektor der Humboldt-Universität zu Berlin

MODERNE MATHEMATISCHE METHODEN IN DER ELEKTROTECHNIK UND IM MASCHINENBAU

Die Physik und die Chemie bedürfen der Sprache der Mathematik, um ihre Gesetze in exakte Form zu fassen. In diesen Gebieten handelt es sich aber nicht darum, ein Lexikon von in mathematischer Form gefaßten Gesetzen aufzustellen, sondern es geht vielmehr darum, aus gewissen Grundgesetzen und aus gewissen Grundannahmen den ganzen Komplex dieser Gesetze durch mathematische Deduktion zu gewinnen. Die Grundgesetze müssen unmittelbar an der Erfahrung geprüft werden. Die Grundannahmen lassen sich des öfteren nicht direkt prüfen, sondern sie können nur dadurch indirekt gerechtfertigt werden, daß die daraus gewonnenen Schlußfolgerungen zutreffen. Die reine Naturerkenntnis will mit dem geschilderten Vorgehen möglichst breite Bereiche des Naturgeschehens erklären, d. h. sie einheitlich von einer bestimmten Theorie her begreifen.

Die Technik will unter Anwendung der gefundenen Gesetzlichkeiten zu Konstruktionen gelangen, die bestimmten Zwecken dienen müssen. Es geht dabei nicht nur darum, daß das gebaute Gerät überhaupt funktioniert, das Gerät muß auch material- und gewichtsparend konstruiert sein, und es muß bestimmte Leistungen aufweisen. Beide Forderungen lassen sich oft nur im Sinne eines Kompromisses erfüllen. Das Gerät muß weiterhin billig gefertigt werden. Hierzu ist eine gute Technologie erforderlich.

Der Produktionsprozeß muß ferner mit all seinen Fehlermöglichkeiten studiert werden. Die Fertigung eines komplizierten Gerätes geschieht in vielen Einzelschritten. Oft werden Teile von verschiedenen Zulieferstellen gefertigt. Es muß gewährleistet sein, daß die Produktion zügig erfolgen kann.

Die einzelne Produktionsstätte hat oft mehrere Fertigungen aufzuweisen, so daß die einzelnen Produktionsabläufe möglichst gut koordiniert werden müssen, um einen guten ökonomischen Nutzeffekt zu erzielen. In der sozialistischen Planwirtschaft müssen auch die einzelnen Produktionsstätten gut koordiniert zusammenarbeiten. Ihre gesamte Tätigkeit ist im Volkswirtschaftsplan verankert. In diesem großen Rahmen muß man heute bei uns die Fertigung jedes einzelnen Gerätes sehen. Welchen Beitrag kann nun die Mathematik leisten, um ein solches Ziel möglichst gut zu erreichen? Bekannt ist, daß die Kinematik, die Getriebelehre und das Gebiet, das man an den Technischen

Hochschulen als Technische Mechanik bezeichnet, bei der Konstruktion der Maschinenelemente und der einfachsten Maschinen, wie Hebezeuge usw., eine besondere Rolle spielt. Dazu sind hinzuzunehmen die Festigkeitslehre, die Untersuchung der Festigkeit von Stäben, Membranen und Platten, die Theorie der Tragwerke und die Theorie der Schalen. Mathematisch handelt es sich bei solchen Problemen um die Integration von gewöhnlichen und partiellen Differentialgleichungen, und zwar in der klassischen Theorie um die Integration von linearen Gleichungen. Dazu werden die Probleme, bevor Lösungen gesucht werden, linearisiert, indem man z. B. lediglich kleine Verformungen betrachtet. Bei elastischen Problemen wird das HOOKEsche Elastizitätsgesetz zugrunde gelegt, um ebenfalls die Linearisierung zu erreichen. In großen Bereichen der Anwendungen sind diese Annahmen in der Tat durchaus auch gerechtfertigt.

Für die Integration der entsprechenden linearen Differentialgleichungen steht hauptsächlich die Methode der Superposition von einfachen Lösungen zur Verfügung. Die speziell gesuchte Lösung ist an bestimmte Rand- und Anfangsbedingungen anzupassen. Dazu wählt man einfache, explizit bekannte Funktionen, die schon einem Teil der Bedingungen genügen — etwa den Randbedingungen —, und versucht dann, durch Linearkombination mit zunächst unbekannten Koeffizienten die Lösung auch noch an die Anfangsbedingung anzupassen. Der lineare Charakter der Gleichungen wird bei dieser Methode voll ausgenutzt.

Die explizite Integration von Differentialgleichungen ist heute durch die bekannte lexikographisch geordnete Sammlung von E. KAMKE wesentlich erleichtert worden. Hiermit ist dem Praktiker schon weitgehend gedient. Bei der Behandlung eines Problems wird man zunächst feststellen, ob die Differentialgleichung explizit bekannte Lösungen besitzt. Oft wird das natürlich nicht der Fall sein. Dann werden andere Methoden herangezogen werden müssen, um zu einer Integration zu gelangen. Man muß dann auf graphische und insbesondere auch auf numerische Verfahren zurückgreifen. Eines dieser Verfahren, das heute sehr viel in der Praxis benutzt wird, wird als die Differenzenmethode bezeichnet. Sie besteht darin, Ableitungen durch Differenzenquotienten zu ersetzen und damit von Differentialgleichungen zu Differenzengleichungen überzugehen. Dieses Verfahren muß nicht schlecht sein, und in vielen Fällen führt es sogar zu recht guten Ergebnissen. Gegenüber der ursprünglichen Handhabung dieses Verfahrens gibt es heute Verbesserungen, indem man sogenannte finite Ausdrücke höherer Annäherung benutzt. Durch Heranziehung solcher Ausdrücke gewinnt man — wenn man etwa ein Randwertproblem einer Differentialgleichung differenzenmäßig behandelt — eine bessere Approximation entweder der Lösungsfunktion selbst oder, wenn es sich um ein Eigenwertproblem handelt, des Eigenwertparameters. Selbstverständlich muß man bei Heranziehung dieser Ausdrücke besonders aufpassen, wenn man an den Rand geht. Man behilft sich hier dadurch, daß man am Rand nur die einfachen Differenzenausdrücke, in der Mitte dagegen, wenn genügend Punkte zur Verfügung stehen, die Ausdrücke höherer Approximation verwendet. Bisweilen geht man auch mit fiktiven Gitterpunkten bewußt über den Rand hinaus, wobei die entsprechenden Werte der Lösungsfunktion als Unbekannte auftreten. Wenn man die gehörige Zahl von Gleichungen aufschreibt, kann man diese fiktiven Werte gleich mitberechnen. Vom Standpunkt der reinen Mathematik erscheint das etwas roh, aber es bewährt sich. Bewähren heißt dabei: Bei Beispielen, bei denen die exakte Lösung bekannt ist, findet man bei einem Vergleich mit den in der geschilderten Weise gefundenen Näherungslösungen eine gute Übereinstimmung.

Behandelt man ein Randwertproblem etwa in zwei Dimensionen, indem man ein Gitter zugrunde legt und nur die Werte an den Gitterpunkten berechnet, differenzenmäßig, so handelt es sich oft darum, ein lineares Gleichungssystem mit einer Anzahl von Gleichungen und Unbekannten zu lösen, die der Gitterung entspricht. Das ist heute im Zeichen der elektronischen Rechenautomaten auch bei Verfeinerung des Gitters nicht besonders abschreckend. Vielfach löst man mit den modernen Rechenhilfsmitteln nicht das lineare Gleichungssystem selbst, sondern man bemüht sich, das Randwertproblem iterativ zu lösen, indem man zunächst von einer Ausgangswerteverteilung in den einzelnen Punkten mit fest vorgegebenen Randwerten ausgeht und nun die Lösung iterativ von der Differentialgleichung her schichtweise laufend verbessert. Diese Methode ist besonders bekannt für die Potentialgleichung, bei der die Verbesserung — das liegt an dem Δ-Operator der Potentialgleichung — darin besteht, daß man an einer bestimmten Stelle den verbesserten Wert durch Bildung des arithmetischen Mittels der Werte bei den vier benachbarten Gitterpunkten gewinnt. Man hat dann den Iterationsprozeß so weit zu verfolgen, bis die jeweils errechneten Werte bei der gewünschten Dezimalstelle fest bleiben, so daß man zu einer Näherungslösung gekommen ist. Vom Standpunkt der reinen Mathematik muß man natürlich noch die Legalität des Lösungsverfahrens im Sinne eines Konvergenzbeweises — Maschenweite gegen Null — sichern. Ein weiterer moderner Zug zur Behandlung von Randwertaufgaben und Eigenwertproblemen besteht darin, nicht das Problem, das durch die Differentialgleichung selbst gegeben ist, sondern statt dessen ein zugeordnetes Variationsproblem zu lösen. Diese Zuordnung hat in vielen Fällen auch eine unmittelbare physikalische Bedeutung, z. B. bei statischen Problemen aus der Elastizitätstheorie. Bei der Verformung einer Platte wird die potentielle Energie extremal. Der mathematische Ausdruck hierfür ist das Variationsproblem. Dabei handelt es sich darum, daß ein ein- oder mehrdimensionales Integral, unter dem die gesuchte Funktion und ihre Ableitung bzw. Ableitungen auftreten, durch geeignete Wahl dieser Funktion extremal wird. Rein oberflächlich betrachtet scheint ein solches Problem in keiner Weise einfacher zu sein als das Problem eine Differentialgleichung zu lösen. Seit dem Anfang dieses Jahrhunderts benutzt man zur praktischen Behandlung des Variationsproblems vielfach das sogenannte Verfahren von RITZ-GALERKIN, das im Laufe der Zeit laufend verfeinert wurde. Dieses Verfahren besteht darin, aus endlich vielen, den Randbedingungen genügenden Näherungslösungen mit Hilfe gesuchter Koeffizienten eine verbesserte Näherungslösung zu finden, indem man das Extremal-Integral lediglich für diese spezielle Kurvenschar zum Extremum macht. Das Extremum, das man in dieser Art erreicht, ist dann ein Extremum für eine Konkurrenz von Funktionen, die viel eingeschränkter ist als die bei der ursprünglichen Problemstellung, bei der man ja überhaupt alle gewissen Regularitätsbedingungen genügenden Funktionen heranziehen muß.

Die Praxis zeigt, daß das Verfahren nicht schlecht ist, insbesondere dann, wenn es sich darum handelt, den Eigenwertsparameter zu bestimmen. Man kommt dann oft zu überraschend guten und verhältnismäßig schnell zu findenden Werten für den Parameter, besonders dann, wenn man geschickt ist und gewissermaßen ein Fingerspitzengefühl für den ungefähren Verlauf der Lösung hat. Auch diese Methode kann legalisiert werden. Man kann zeigen, daß man bei Verfeinerung des Verfahrens die wirklichen Werte beliebig gut approximieren kann. Dieses Verfahren ist heute bei vielen technischen Problemen von besonderer Bedeutung, zu denen man sonst wegen ihrer Komplikationen (Nichtlinearität) kaum einen Zugang findet. Man denke etwa an Fragen der Elastizität bei Nicht-HOOKEschem Elastizitätsgesetz, an Platten von variabler Dicke, an versteifte Platten und an Fragen der Plastizitätstheorie, die heute immer mehr in den Vordergrund rückt und die noch sehr vorangetrieben werden muß. Bei manchen Problemen, z. B. bei Fragen der Plastizität, ist es oft nicht einfach, dem Differentialgleichungsproblem ein Variationsproblem an die Seite zu stellen. Allgemein sei hinsichtlich der Gewinnung von Näherungslösungen noch folgendes gesagt: Ein Idealfall liegt vor, wenn man Grundgleichungen hat, von denen die strenge Mathematik zeigt, daß es genau eine Lösung gibt. Obwohl dieses Ergebnis mit der praktischen Herstellung der Lösung noch nichts zu tun hat, ist doch damit gezeigt, daß der mathematische Ansatz als solcher, in dem ja physikalische Grundannahmen stecken, in Ordnung ist. Im Idealfall möchte man dann natürlich ein praktisches Rechenverfahren haben, um die Lösung wirklich zu finden. Dabei spielt mathematische Eleganz in keiner Weise eine Rolle. Die Lösung soll nur möglichst schnell gefunden werden können. Im Idealfall verlangt man dann noch, daß man neben der Näherungslösung gleichzeitig eine Fehlerabschätzungsformel angeben kann.

Leider liegt heute bei vielen Anwendungen der mathematischen Physik besonders bei interessanten nichtlinearen Problemen nicht der Idealfall vor. Oft fehlt bei solchen Problemen ein Existential- und Einzigkeitssatz. Oft fehlt auch, selbst wenn man Näherungslösungen angeben kann, eine Fehlerabschätzungsformel. In vielen Fällen wäre es schon erstrebenswert, einen Existential- und Einzigkeitssatz und ein Näherungsverfahren zu haben. Dann weiß man zum mindesten, daß das Problem als solches in Ordnung ist. Das nur zu den Sorgen des Mathematikers bei diesen Fragestellungen!

Hinsichtlich der Elastizitätstheorie soll noch hervorgehoben werden, daß man bei technischen Platten und Membranen auch unstetige Belastungen, die sogar unsymmetrisch angebracht sein können, mit der Methode des sogenannten DIRICHLETschen Faktors mathematisch behandeln kann. Man kann damit Lösungen zusammenbauen, die genau diese unstetigen Belastungen erfassen. Plattenprobleme führen vielfach, besonders, wenn es sich nicht um die aufgelagerte, sondern um die eingespannte Platte handelt, die ja ein sehr häufig vorkommendes technisches Element ist, zu erheblichen mathematischen Schwierigkeiten. Die Lösung ist, falls nicht etwa ein Differenzenverfahren herangezogen wird, in Form einer unendlichen Reihe gegeben, bei der Koeffizienten auftreten, die als Lösungen eines unendlichen linearen Gleichungssystems mit unendlich vielen Unbekannten bestimmt werden. Die Konvergenz der Reihen kann bewiesen werden. Numerisch bricht man natürlich die Reihen ab und wählt für das unendliche lineare Gleichungssystem ebenfalls durch Abbrechen ein endliches Näherungssystem.

Erhebliche mathematische Schwierigkeiten treten in der Elastizitätstheorie bei der Behandlung von Schalen auf, die bei Baukonstruktionen und natürlich auch im Flugzeugbau, bei dem man ja absolut leicht bauen muß, eine große Rolle spielen. Die Festigkeitsrechnungen müssen hier sehr genau durchgeführt werden. Bei Problemen der Schalentheorie müssen Methoden der Differentialgeometrie herangezogen werden. In neuerer Zeit hat sich gezeigt, daß hierbei die Methoden des absoluten Differentialkalküls, wie er ursprünglich von LEVI-CIVITÁ für die Zwecke der allgemeinen Relativitätstheorie entwickelt wurde, um RIEMANNsche Räume zu behandeln, mit Vorteil benutzt werden können. Hierin liegt wieder ein Hinweis dafür, daß abstrakte Theorien für ganz konkrete Fragen der Praxis eine große Bedeutung erlangen können.

Bei vielen Problemen der Technik stehen Fragen der Schwingungen im Vordergrund des Interesses, z. B. bei dem sehr wichtigen Problem der mathematischen Behandlung von Schwingungen einer Turbinenwelle. Hier können durch Resonanzerscheinungen, gerade wenn es sich um große Turbinen handelt, sehr unangenehme Erscheinungen auftreten, die man beherrschen muß. Mathematisch handelt es sich in einem solchen Fall um die Lösung der partiellen Differentialgleichung

$$\frac{\partial^2}{\partial x^2}\left[E I(x) \frac{\partial^2 z}{\partial x^2}\right] = -m(x) \frac{\partial^2 z}{\partial t^2},$$

wo $E(x)$ der Elastizitätskoeffizient des Materials und $I(x)$ das Flächenträgheitsmoment des Stabquerschnitts ist. $m(x)$ ist die Massendichte des Stabes. Bei den Rändern liegen folgende Bedingungen vor:

$$\begin{aligned} &\text{freier Rand:} && y'' = y''' = 0, \\ &\text{starres Randlager:} && y = y'' = 0, \\ &\text{elastisches Randlager:} && y'' = 0, \quad y''' + Ky = 0. \end{aligned}$$

Die Welle kann an den inneren Punkten noch durch ein starres Lager oder auch durch ein elastisches Lager gelagert sein. Dabei wird für die einzelnen Abschnitte ein verschiedenes konstantes $EI(x)$ und $m(x)$ vorliegen. Es kann an den inneren Punkten auch ein ungelagerter Übergang stattfinden. Durch den Separationssatz

$$z(x, t) = y(x) \cos \omega t$$

kommt man zu der gewöhnlichen Differentialgleichung vierter Ordnung

$$y^{(\mathrm{IV})}(x) = \frac{m\omega^2}{EI} y(x),$$

die dann streckenweise gültig ist. Bei einem ersten Integrationsverfahren wird man so vorgehen, daß man mit zunächst teilweise unbekannten Anfangswerten die Integration beginnt, an der ersten Anschlußstelle gemäß der Lagerung den Anschluß herstellt und so fortfährt, bis man die Endrandbedingungen erfüllt. Das liefert ein lineares homogenes Gleichungssystem für die unbekannten Anfangswerte, in dessen Koeffizienten der Eigenwertparameter ω auftritt. Die Bedingung der verschwindenden Determinante gibt Näherungslösungen für den Eigenwertparameter.

Ein zweites Verfahren, das heute unter Benutzung der Rechenautomaten gern herangezogen wird und das man als Restmomentenverfahren bezeichnet, besteht in folgendem:

Es mögen z. B. die Randbedingungen

$$\begin{aligned} y(0) &= y''(0) = 0, \\ y(2) &= y''(2) = 0 \end{aligned}$$

vorliegen. Außerdem soll im Inneren ein starres Lager vorliegen. Man wählt zunächst für den Eigenwertparameter ω einen geeignet erscheinenden Anfangswert. Außerdem wählt man zwei linear unabhängige Lösungen, die den Randbedingungen für $x = 0$ genügen. Man integriert dann schrittweise bis zum ersten Lager. Danach wird mit den dort gewonnenen Anfangswerten für y, y', y'' schrittweise weiter integriert bis zum zweiten Rand. Man bestimmt nun eine Linearkombination dieser beiden Lösungen, indem man $y(1) = 0$ und $y(2) = 0$ erzwingt. y'' wird im allgemeinen dann nicht verschwinden. Das Verfahren wird nun unter systematischer Änderung von ω so lange fortgesetzt, bis auch die Randbedingungen bei $x = 2$ erfüllt sind.

In unserem Institut wird gerade ein solches Beispiel für Turbinenwellen durchgerechnet. Es handelt sich dabei um einen ziemlichen Aufwand an Integrationsschritten. Es müssen bei unserem Beispiel ungefähr 10000 Integrationsschritte durchgeführt werden. Wenn man beachtet, daß ein einzelner Rechner mit normalen Mitteln je Stunde 20 Integrationsschritte bewältigen könnte, so wäre das beim Einzelrechner ein Zeitbedarf von ungefähr 500 Stunden. Mit unserem sowjetischen Rechenautomaten URAL können wir diesen Rechenaufwand heute in 8 Stunden bewältigen. Mit einem größeren Automaten, etwa dem sowjetischen vom Typ BESM, wäre das Problem in 5 Minuten gelöst.

Eigenwertprobleme treten in der Technik nicht nur bei Schwingungsproblemen, sondern auch bei Fragen der Knickung auf. Ein Stab sei z. B. unten eingespannt, oben gelenkig gelagert und in der Längsrichtung belastet. Die Auslenkung, die dem ersten Eigenwert entspricht, erweist sich gegenüber kleinen Störungen als stabil, im übrigen als labil. Daher ist es für Knickfragen von außerordentlicher Wichtigkeit, die Eigenwerte zu berechnen.

Bei Fragen der Schwingungen von elektrischen Schwingungskreisen, auf die ja heute schon Hr. FRÜHAUF hingewiesen hat, handelt es sich um die Integration von Differentialgleichungen, die sich aus der MAXWELLschen Theorie ergeben. Für diese linearen Gleichungen liegen dann wieder Randwertaufgaben oder eine Kombination von Rand- und Anfangswertaufgaben vor, z. B., wenn bei einer Leitung der Erregungszustand an den Enden für alle Zeiten und der Zustand zur Zeit $t = 0$ bekannt sind.

Noch vor einiger Zeit hatten sich die Elektrotechniker eine eigene auf HEAVISIDE zurückgehende Mathematik zurechtgelegt, einen symbolischen Kalkül, um solche Probleme zu behandeln. Oft ging es gut, aber in einigen Fällen ging es auch absolut daneben, weil die mathematischen Grundlagen nicht gefestigt waren. Heute behandelt man diese Probleme mit der Methode der LAPLACE-Transformation, die besonders von GUSTAV DOETSCH ausgebaut wurde. Mit dieser Methode führen gemischte Rand- und Anfangswertaufgaben bei gewöhnlichen Differentialgleichungen auf algebraische Probleme, wobei die Anfangsdaten durch die Transformation automatisch mit erfaßt werden. Wenn ich die entsprechende Transformation bei partiellen Differentialgleichungen hinsichtlich einer Variablen, die von Null bis unendlich geht, vornehme, so komme ich von der partiellen Differentialgleichung zu einer gewöhnlichen. Das Problem wird mathematisch also erheblich vereinfacht. Nehmen wir nun an, wir könnten entweder die algebraische Gleichung bzw. die gewöhnliche Differentialgleichung lösen. Wir müßten dann noch aus der ermittelten transformierten Lösungsfunktion die eigentlich gesuchte Lösungsfunktion errechnen können. Man kann für diese Umkehroperation eine geschlossene Formel angeben in Form eines Integrals über einen Weg in der komplexen Ebene, das nicht immer leicht praktisch zu handhaben ist. Eine große Hilfe für den Praktiker ist eine von G. DOETSCH zusammengestellte Liste von bekannten zugeordneten Paaren von Original- und Bildfunktionen. Auch von anderen Verfassern gibt es derartige Integraltafeln.

Es ist ein moderner Zug der Anwendung der Mathematik in der Technik, daß viele Teile der Reinen Mathematik, die bisher schon da waren, ohne daß es viele konkrete Anwendungen gab, plötzlich sehr aktuell werden. Man kann in diesem Zusammenhang auf die Funktionalanalysis hinweisen, die ursprünglich als abstrakte Verallgemeinerung aus der Theorie der Integralgleichungen entstand. Heute findet sie viele konkrete Anwendungen. Mit ihrer Methodik gelang es z. B., verschiedenartige, gut brauchbare Fehler- und Abschätzungsformeln für numerische Rechnungen anzugeben. Mit besonderem Erfolg wird sie auch bei der Legalisierung des RITZ-GALERKINschen Verfahren in der Plastizitätstheorie herangezogen. Man kann in diesem allgemeinen Zusammenhang auch auf die Theorie der DIRACschen δ-Funktion in der Quantenmechanik hinweisen. Sie wurde von LAURENT SCHWARTZ auf ein mathematisch sicheres Fundament gestellt, wobei man allerdings zu sehr abstrakten Begriffsbildungen zurückgreifen mußte. Mit den Ergebnissen kann man heute viele komplizierte Fragen der mathematischen Physik behandeln, so z. B. auch schwierige Probleme der höheren Aerodynamik.

Um den unmittelbaren Nutzen der mathematischen Behandlungsweise bei einem bestimmten Gebiet der modernen Technik aufzuzeigen, sei auf einige mit dem Flugzeugbau zusammenhängende Fragestellungen eingegangen. Schon beim Kraftfahrzeugbau hat die Mathematik sich heute ihren unbestreitbaren Platz erobert. Ich denke dabei etwa an Probleme, die mit dem Motorenbau zusammenhängen, und an Fragen der Schwingungen, die von der Art des Motors abhängen. Viel deutlicher dokumentiert sich der Einsatz der Mathematik beim Flugzeugbau. Hier hat man bei der Konstruktion mit so viel Variationsmöglichkeiten zu rechnen, daß ein blindes experimentelles Vorgehen, z. B. im Windkanal, das von keiner Theorie gestützt wird, vollkommen sinnlos wäre. Die Versuche sind auf diesem Gebiet heute so kostspielig, daß man nur noch gewisse Testversuche durchführen kann, um die Theorie zu bestätigen. Die Anwendung der theoretischen Aeromechanik auf diesem Gebiet ist geradezu klassisch und demonstriert in deutlichster Weise den Nutzen der mathematischen Behandlungsweise. Ich möchte darauf ein klein wenig eingehen. Beachtet man, daß ein fertiges Flugzeug mit modernen Navigationsgeräten ausgerüstet sein muß, so spielt auch das Gebiet, das Hr. FRÜHAUF heute behandelte, beim Flugzeugbau eine dominierende Rolle. Beim Flugzeug handelt es sich um ein kompliziertes technisches Aggregat, bei dem praktisch die gesamte moderne Technik zur Anwendung kommt. Ich interessiere mich hier nur für die aerodynamische Seite und etwas auch für die Problematik der Festigkeit. Wir gehen von dem Hauptelement eines Flugzeugs, von der Tragfläche, aus und interessieren uns für den beim Flug auftretenden Auftrieb und

Widerstand. Das Problem der Berechnung dieser Größen wird in mehrere Schritte zerlegt. Ich beginne mit der mathematischen Untersuchung der ebenen Umströmung eines profilartigen Körpers. Nehme ich die Luft als reibungsfrei und inkompressibel an, so kann ich potentialtheoretische Methoden und insbesondere die der komplexen Funktionentheorie heranziehen. Das Ergebnis ist, daß bei dieser Betrachtungsweise als Paradoxon kein Widerstand herauskommt. Die resultierende Luftkraft steht auf der Anströmung senkrecht. Mit diesem Ergebnis kann man natürlich in der Praxis nichts anfangen, denn ich muß ja den Leistungsbedarf ermitteln, der erforderlich ist, um den Luftwiderstand zu überwinden. Die potentialtheoretische Behandlung ist trotzdem für die weitere Berechnung von großer Bedeutung. Eine erste Art von Widerstand findet man in dem sogenannten induzierten Widerstand, bei dem zwar immer noch die Luft als reibungsfrei angenommen wird, bei dem man aber jetzt damit Ernst macht, daß sich die Tragfläche nicht beiderseits bis ins Unendliche erstreckt, sondern eine endliche Spannweite hat, so daß man von der ebenen Behandlung des Problems abkommen muß.

Wenn die Tragfläche eine endliche Spannweite hat, so findet an den Enden ein Druckausgleich statt. Es kommt zu charakteristischen Wirbelbildungen. Man vereinfacht das Problem mathematisch dadurch, daß man die Tragfläche durch ein Band von Hufeisenwirbeln ersetzt. Kombiniert man diese Wirbelbetrachtung mit der ersterwähnten Betrachtung einer potentialmäßigen Ausweichströmung, so kommt man nun in der Tat zu dem Ergebnis, daß die resultierende Luftkraft nicht mehr senkrecht auf der Anströmung steht. Man findet einen sogenannten induzierten Widerstand.

In Wirklichkeit muß man nun noch zusätzlich berücksichtigen, daß die Luft reibend ist. Das bedeutet mathematisch, daß man für die Behandlung des Problems statt der EULERschen Bewegungsgleichungen für die ideale Flüssigkeit die NAVIER-STOKESschen Gleichungen für die zähen Flüssigkeiten heranziehen müßte.

Charakteristisch für die Strömung einer zähen Flüssigkeit ist, daß sie an der Körperkontur haftet, d. h. die Geschwindigkeitskomponente längs der Wand ist Null, und in einer schmalen Übergangszone findet der Anschluß an die Außenströmung statt. Diese Übergangszone bezeichnet man als die PRANDTLsche Grenzschicht. Für die Außenströmung kann man gewissermaßen näherungsweise, falls nicht am Körperende starke Wirbelablösungen stattfinden, potentialmäßig mit einer um die Grenzschicht verdickten Körperkontur rechnen. Bezeichnet man die Geschwindigkeitskomponente in Richtung der Körperoberfläche mit u und die Koordinate senkrecht zur Kontur mit y, so ist der Reibungswiderstand durch $\mu \frac{\partial u}{\partial y}$ gegeben, wobei μ die Zähigkeitszahl ist. Für die Grenzschicht wurde zuerst von PRANDTL aus den NAVIER-STOKESschen Gleichungen eine vereinfachte Differentialgleichung angegeben, die man heute näherungsweise integrieren kann und für die man auch schon einen Einzigkeitssatz hat. Der Reibungswiderstand kann also näherungsweise berechnet werden, falls die Außenströmung bekannt ist. Man kann auch eine sogenannte Ablösungsstelle berechnen, bei der Wirbelbildung einsetzt. Man bemüht sich, durch Konstruktion von sogenannten Laminarprofilen die Ablösestelle möglichst weit nach hinten zu verlegen.

Sehr häufig bleibt die Grenzschicht aber gar nicht bis zur Ablösestelle laminar, sondern sie schlägt in einen sogenannten turbulenten Strömungszustand um. Die Erscheinungen der Turbulenz sind schon seit dem vorigen Jahrhundert bekannt, als man experimentell mit Farbfäden die Rohreinlaufströmung untersuchte. Das Gesamtgebiet der Turbulenz ist auch heute noch nicht genügend durchforscht. Einmal handelt es sich um die Erscheinungen des Umschlages laminar-turbulent, zum anderen aber auch um die Erscheinungen der ausgebildeten Turbulenz. Diese Fragen sind für viele Gebiete der Technik und Physik von großer Bedeutung, so z. B. für die Astrophysik, für die Meteorologie und auch für Probleme der Heizungstechnik. Fragen des Reibungswiderstandes sind nicht nur für den Flugzeugbau, sondern auch für den Schiffbau von großer Bedeutung. Hier ist neben dem Wellenwiderstand hauptsächlich auf den Reibungswiderstand an den großen Flächen des Schiffes zu achten. An dem Akademieinstitut für Angewandte Mathematik und Mechanik wird über diese Fragen viel gearbeitet. Da es heute noch keine geschlossene Theorie für die Turbulenzerscheinungen gibt, muß man sich im Sinne einer Phänomenologie einstweilen noch mit einer empirisch-theoretischen Betrachtungsweise begnügen.

Die Mathematik hat heute dem Ingenieur verhältnismäßig einfach zu handhabende Mittel gegeben, die Auftriebsverteilung bei einer Tragfläche zu berechnen, ganz gleich, welchen Umriß sie hat, ob sie V-Stellung hat und welche Anstellwinkelverteilung vorliegt. Es ist auch möglich, das Verhalten der Tragfläche zu berechnen, wenn die Klappen ausgeschlagen sind. Der Konstrukteur kann auch berechnen, welchen Einfluß die Motoren oder die Düsen und der Rumpf auf die Eigenschaften der Fläche haben. Auch der Einfluß des Leitwerks kann abgeschätzt werden.

Da man im Flugzeugbau unbedingt die Leichtbauweise anwenden muß, so muß man mit der Beanspruchung des Materials, abgesehen von den Sicherheitsfaktoren, bis zum äußersten gehen, um entsprechende Leistungen zu erzielen. Eine sorgfältige statische Berechnung ist unbedingt erforderlich. Grobe Faustformeln helfen hier nicht viel, sondern man muß voll die Mathematik einsetzen, um ein möglichst umfassendes Bild zu gewinnen. Bei dem modernen Fliegen mit großen Geschwindigkeiten sind eine Reihe von neuen Problemen aufgetreten. In der klassischen Aerodynamik rechnet man mit inkompressiblen Strömungen. Kommt aber die Anströmgeschwindigkeit in die Nähe der Schallgrenze, so ist diese Annahme nicht mehr gerechtfertigt. Selbst wenn die Fluggeschwindigkeit noch unterhalb der Schallgeschwindigkeit liegt, so kann es bereits an einzelnen Stellen der Fläche Gebiete geben, wo die Schallgeschwindigkeit bereits überschritten wird. Schon seit dem vorigen Jahrhundert behandelt man Fragen der Aerodynamik hoher Geschwindigkeiten, die sogenannte Gasdynamik. Sie spielt z. B. beim Bau von Dampfturbinen eine entscheidende Rolle. Für Geschwindigkeiten, die wesentlich größer als die Schallgeschwindigkeit sind, kennt man die Verhältnisse theoretisch recht gut. Man weiß bereits seit BERNHARD RIEMANN, einem berühmten Mathematiker aus dem vorigen Jahrhundert, daß dann sogenannte Verdichtungsstöße, d. h. Unstetigkeiten im Druckverlauf, auftreten können. Man kann die Überschallströmung an konvexen Konturen, selbst wenn Verdichtungsstöße auftreten, gut berechnen. Besonders schwierige Verhältnisse liegen vor, wenn nur lokale Überschallbereiche im Strömungsfeld vorliegen. Es findet dann zwischen beiden Gebieten ein Wechsel des Charakters der partiellen Differentialgleichungen statt, wobei man allerdings die Begrenzungskontur zwischen beiden Gebieten ohne genaue Kenntnis des Geschwindigkeitsfeldes nicht beherrscht.

Bei hohen Fluggeschwindigkeiten muß man, um den Widerstand kleinzuhalten, in große Höhen gehen. Moderne Verkehrsmaschinen fliegen heute in ungefähr 10000 m Höhe. Das Widerstandsproblem wird natürlich uninteressant, wenn ich bei Raketen zu noch höheren Geschwindigkeiten übergehe. Hier handelt es sich meist darum, möglichst schnell den Bereich der Luft überhaupt zu überwinden. Da bei so großen Geschwindigkeiten der Propellerantrieb versagt, verwendet man Düsen.

Man kann sich vorstellen, daß die Aerodynamik bei Überschallgeschwindigkeiten natürlich grundsätzlich anders aussieht als die bisher behandelte Aerodynamik bei Geschwindigkeiten unterhalb der Schallgeschwindigkeit. Das erkennt man schon daraus, daß bei Überschallgeschwindigkeit sich eine Störung gemäß einem sogenannten MACHschen Kegel im Raume fortpflanzt. Das bedeutet, daß von der Störung nur Luftteilchen erfaßt werden, die innerhalb des MACHschen Kegels liegen. Außerhalb dieses Kegels bleibt alles unberührt. Das zeigt schon, daß bei einer solchen Betrachtungsweise an einer Tragfläche, wenn ich zum Beispiel die Auftriebsverteilung berechnen will, neuartige Verhältnisse auftreten.

Der zuletzt behandelte Bereich der Technik zeigt deutlich, daß hier die mathematische Durchdringung kein überflüssiger Luxus, sondern von entscheidender Bedeutung ist. Man kommt auf diesem Gebiet auch nicht mit groben Faustformeln durch, sondern man muß teilweise sehr genaue Betrachtungen anstellen.

Eingangs war schon betont worden, daß bei der Herstellung irgendeines Geräts die eigentliche Konstruktion nur die erste Phase ist. Danach setzt die eigentliche Fertigung des Gerätes ein. Jede Fertigung ist mit Fehlern verbunden. Es handelt sich darum, die unvermeidlichen Streuungen im Fertigungsprozeß auf ein Minimum herabzudrücken. Hier hilft auch die Mathematik, und zwar in Form der sogenannten statistischen Qualitätskontrolle, zu der nunmehr einige Bemerkungen gemacht werden sollen. Diese Art der Gütekontrolle spielt hauptsächlich in Betrieben mit Massen- und Serienfertigung eine Rolle. Es geht darum, Ausschuß zu verhüten und eine Qualitätsstufe der Erzeugnisse, die durch Normen und technische Bedingungen vorgeschrieben ist, zu gewährleisten. Die Kontrolltätigkeit beginnt mit der Wareneingangskontrolle. Dabei müssen die Rohmaterialien und die Halbfabrikate kontrolliert werden. Alsdann müssen die Erzeugnisse laufend auf den einzelnen Produktionsstadien kontrolliert werden. Schließlich sind die Fertigerzeugnisse einer Endkontrolle zu unterwerfen. Der Fertigungsprozeß wird mit mathematisch-statistisch auszuwertenden Kontrollkarten so reguliert und gesteuert, daß ein Minimum an Ausschuß und Nacharbeit anfällt. Bei Einführung einer solchen Regulierung ist aber darauf zu achten, daß die Produktion selbst dabei nicht unwirtschaftlich wird.

Bei der Kontrolle der fertigen Erzeugnisse ist zu entscheiden, ob sie dem Qualitätsstandard entsprechen oder ob sie Ausschuß sind bzw. umgearbeitet werden müssen. Zur Durchführung einer solchen Kontrolle wurden in Anwendung der Statistik Stichprobenverfahren ausgearbeitet. Diese können in einfachen Stichprobenentnahmen bestehen. Es gibt aber auch kompliziertere Verfahren, bei denen man mehrfach Stichprobenentnahmen vorzunehmen hat. Schließlich gibt es einen Folgetest, bei dem der Stichprobenumfang nicht von vornherein feststeht. Es soll durch diese Fertigkontrolle erreicht werden, daß die Qualität gesichert wird, ohne die Prüftätigkeit allzu weit auszudehnen und ohne unnötig viel wegzuwerfen.

Bei konsequenter Durchführung dieser statistischen Prüfverfahren wird relativ wenig Kontrollpersonal erforderlich sein. Außerdem kann man schon beim Produktionsprozeß dem Entstehen von Ausschuß vorbeugen. Es können Hinweise für die technologische Verbesserung der Herstellung gegeben werden. Insgesamt werden die Selbstkosten gesenkt, und es ergeben sich Materialeinsparungen. Den im Produktionsprozeß Stehenden können sofort Hinweise auf neu auftretende Störungen gegeben werden. Die kollektive Zusammenarbeit verschiedener Zulieferbetriebe kann verbessert werden. Man gewinnt außerdem eine objektive Handhabe für den Betriebsvergleich.

Es zeigt sich immer wieder, daß es nicht genügt, erfolgreiche Verfahren schematisch anzuwenden. Es kommt auch wesentlich auf die Aufgeschlossenheit und Initiative der für diese Fragen in den Betrieben zuständigen Personen an.

Schon vor einer Reihe von Jahren wurden von unserem Akademie-Institut große Anstrengungen unternommen, um die genannten modernen Prüfverfahren in unseren Produktionsstätten einzuführen. Wir können heute feststellen, daß diese Einführung in immer größerem Maße gelingt. Wir konnten schon eine Reihe von Kongressen durchführen, die sich mit diesen Fragen beschäftigten und die sich in wachsendem Maße auch internationalen Zuspruchs erfreuen, so daß jetzt eine Reihe von Ländern des sozialistischen Lagers gemeinsam mit uns an diesen Fragen arbeiten werden.

Handelt es sich bei Stichprobenverfahren nur darum, die beiden Attribute „gut" und „schlecht" festzustellen, so sind mathematisch die hypergeometrische Verteilung, die binomische Verteilung und die sogenannte Poisson-Verteilung heranzuziehen. Bei Stichprobenverfahren für veränderliche Qualitätsmerkmale, die durch gemessene Zahlen charakterisiert werden, hat man die sogenannte Normalverteilung der Wahrscheinlichkeitsberechnung heranzuziehen.

Diese Bemerkungen mögen genügen, um den Nutzen der mathematischen Betrachtungsweise bei den eigentlichen Produktionsprozessen aufzuzeigen. In wachsendem Maße beginnt man aber auch, die Mathematik für die Planaufgaben der Volkswirtschaft selbst heranzuziehen. Ich meine hier das Gebiet, das man als Ökonometrie bezeichnet. Hier handelt es sich z. B. darum, Fragen der Wirtschaftlichkeit, der Kostenüberwachung und auch der Planung selbst optimal zu lösen. Bei einer komplizierten Betriebsstruktur kommt man mit traditionellen Verfahren der Kostenberechnung, der Buchführung usw. nicht mehr durch. Es hat sich gezeigt, daß man hier die sogenannte Matrizenrechnung, die seit dem Ende des vorigen Jahrhunderts für Zwecke der abstrakten Mathematik entwickelt wurde, mit großem Erfolg heranziehen kann. Auch hier liegt zu dem schon früher hinsichtlich der Anwendbarkeit abstrakter Theorien Gesagten eine deutliche Demonstration vor. Der gesamte Arbeitsablauf des Betriebes wird durch eine Matrix, die evtl. gemäß dem Aufbau aus Teilbetrieben, aus Teilmatrizen zusammengesetzt sein kann, erfaßt. Auf die Art kann gut die Auswirkung von Erweiterungen des Betriebes untersucht werden. Es gelingt mit diesen Methoden, die Mengen der erforderlichen Rohstoffe, den Energiebedarf, den Arbeitskräftebedarf usw. zu berechnen, um die aufgegebenen Planaufgaben möglichst gut zu lösen. Mathematisch handelt es sich dabei um die Durchführung von Matrizenmultiplikationen, für die man praktisch die modernen Rechenhilfsmittel einsetzen kann. Die Kenntnis der Gesetze des Matrizenkalküls hilft Planaufgaben erfolgreich zu bearbeiten. Wir sind erst am Anfang, von diesen Möglichkeiten einen ausgedehnten Gebrauch zu machen.

Die auf uns zukommenden Probleme einer ausgedehnten Automatisierung aller Produktionsabläufe und sogar einer Automatisierung von dafür geeigneten geistigen Tätigkeiten (automatische Übersetzung) zwingen dazu, die volle Aufmerksamkeit dem Komplex mathematisch-logischen Denkens zu widmen, den man heute zusammenfassend als Kybernetik bezeichnet.

Damit möchte ich meine Ausführungen beschließen. Zusammenfassend kann noch einmal festgestellt werden, daß der Einsatz der Mathematik in der modernen Technik heute in drei Richtungen vor sich geht:

1. bei der sinvollen optimalen Konstruktion des Gerätes selbst,
2. beim Produktionsprozeß und
3. bei der Organisierung der gesamten Produktionsarbeit.

Prof. Dr. HANS JANCKE

Direktor des Instituts für Gerätebau der Deutschen Akademie der Wissenschaften zu Berlin

MODERNE PHYSIKALISCHE ANALYSENMETHODEN

Infolge der schnellen Entwicklung auf den Gebieten der chemischen, metallurgischen und biologischen *Forschung* sowie der steigenden Anforderungen, die an die Produkte der *Industrie* hinsichtlich Quantität und Qualität gestellt werden, hat sich in der Zeit nach dem zweiten Weltkrieg eine überaus intensive Tätigkeit zur Ausarbeitung neuer Analysemethoden und ihrer Einführung in die Praxis entwickelt. Dabei stehen die sogenannten „physikalischen" Analyseverfahren in bezug auf ihre zunehmende Bedeutung besonders im Vordergrund, so daß ihnen auch auf der diesjährigen Hauptversammlung der Gesellschaft Deutscher Chemiker der Hauptvortrag gewidmet war. Die mit der Einführung derartiger Methoden verbundenen *Probleme* betreffen gleichmäßig Fragen der theoretischen und praktischen Chemie, der Physik und der Gerätetechnik sowie ebenso der Volkswirtschaft und Industrieökonomik, so daß nur eine *sehr gut organisierte enge Zusammenarbeit* von Fachleuten aller dieser Arbeitsrichtungen einen Erfolg möglich macht. Wie die Erfahrung zu zeigen scheint, ist aber die Lösung der Probleme der Analysentechnik besonders schwierig, vielleicht deswegen, weil die Partner zu verschiedene Sprachen sprechen und eine Verständigung dadurch manchmal ernsthaft erschwert ist.

In den Vereinigten Staaten beispielsweise war die Frage dieser Zusammenarbeit Gegenstand einer Untersuchung eines der führenden Wissenschaftler auf dem Gebiet der IR-Spektroskopie — VAN ZANDT-WILLIAMS. Er kommt dabei zu folgendem Schluß:

> Der Mangel an chemisch-analytischen Geräten, speziell Geräten für automatische Konzentrationsbestimmung, kann heute bereits zu einer Begrenzung des Fortschritts in der chemischen Industrie führen.

Ebenso fanden in der UdSSR in letzter Zeit mehrfach Fachkongresse zu diesem Fragenkomplex statt, so besonders über die automatischen Gasanalysatoren (9.—14. 5. 1960, Leningrad), über die Technologie des modernen Gerätebaues (11.—14. 4. 1960, Leningrad) und über wissenschaftliche Probleme der Einführung moderner Methoden der Strukturanalyse in Forschung und Praxis der Chemie in der Akademie der Wissenschaften der UdSSR, auf deren

Ergebnisse ich später noch kurz zurückkommen werde. Das Beispiel der physikalischen Analysenmethoden ist daher besonders geeignet, die außerordentliche Wichtigkeit der engen Zusammenarbeit von Fachleuten der verschiedensten Arbeitsrichtungen zu demonstrieren und zu zeigen, wie jede Arbeit auf dem Gebiet der Technik nur als Synthese aus Ergebnissen naturwissenschaftlicher Grundlagenforschung und politisch-ökonomischen Überlegungen gelöst werden kann.

Der Thematik der heutigen Konferenz entsprechend, die die wissenschaftlichen Grundlagen der modernen Technik behandelt, soll versucht werden, die gegenwärtige Situation der Analysentechnik darzustellen, wobei von einer in die Einzelheiten gehenden Diskussion der Meßmethoden zugunsten allgemeiner Probleme abgesehen wird.

Das Gebiet der „physikalischen“ Analysenmethoden, wie sie üblicherweise den „chemischen“ Verfahren gegenübergestellt werden, ist im Grunde allenfalls durch die Größe des apparativen Aufwandes, nicht jedoch durch irgendwelche sonstigen Eigenschaften der Verfahren ausgezeichnet. Eine Betrachtung der Analysenverfahren zeigt, daß unter allen Umständen ein physikalisches Gerät benutzt werden muß, wenn *quantitative* Messungen durchgeführt werden sollen. Dies liegt offenbar daran, daß die gesuchten Größen, wie Art und Zahl von Atomen oder Molekülen bzw. ihre räumliche Gruppierung, den menschlichen Sinnen nicht unmittelbar zugänglich sind. Das physikalische Gerät ist also zu quantitativen Untersuchungen als Meßwertumformer *stets*, bei qualitativen Untersuchungen *oft* notwendig, als Mikroskop, Analysenwaage, Bürette, Photometer oder in einer der zahllosen anderen Formen.

Eine Übersicht über die möglichen oder über die z. Z. besonders bearbeiteten Methoden kann nicht ohne den Versuch einer Systematisierung gegeben werden, wollen wir mehr als eine formlose Aufzählung durchführen. Die Merkmale der Ordnung sind jedoch, ebenso wie die benutzten Meßverfahren, außerordentlich mannigfaltig, so daß für unterschiedliche Fragestellungen auch unterschiedliche Ordnungsprinzipien zu verwenden sind.

Allgemeine Übereinstimmung besteht wohl darüber, daß durch analytische Methoden *die Zusammensetzung eines Stoffes aus Atomen und Molekülen sowie deren räumliche Anordnung* zu bestimmen sind; die Ermittlung anderer Kennzahlen, wie Festigkeit, thermodynamische Daten usw., gehört nicht unmittelbar in den Bereich der Analyse.

Nach der Arbeitsmethodik muß man unterscheiden (siehe Tabelle 1):

1. Verfahren, bei denen der Messung eine (chemische) Umwandlung der Untersuchungssubstanz vorausgeht,
2. Verfahren, bei denen eine physikalische Stoffumwandlung — Änderung des Aggregatzustandes etwa — als Vorbereitungsreaktion zur Messung erfolgen muß, und

3. Verfahren, bei denen keine makroskopischen Zwischenreaktionen eingeschaltet werden.

Tabelle 1. Systematik der Analysenmethoden
Beispiele nach Verfahren

mit chemischer Reaktion	ohne chemische Reaktion	
	mit Zustandsänderung	ohne Zustandsänderung
Gravimetrie	Emissionsspektralanalyse	Absorptionsspektrometrie Röntgen-UV-S-IR
Kolorimetrie	Aktivierungsanalyse	Fluoreszenzspektrometrie Röntgen-UV-S
Titrimetrie	Polarographie	RAMAN-Spektrometrie
Volumetrie	Massenspektrometrie	Kernresonanzspektrometrie

1. Zu der Gruppe der mit chemischen Zwischenreaktionen arbeitenden Verfahren gehören beispielsweise alle gravimetrischen Analysen, ebenso aber auch kolorimetrische Verfahren, bei denen zunächst eine charakteristisch gefärbte Substanz durch chemische Reaktion erzeugt wird. Eigentümlich ist allen diesen Verfahren,

daß die ursprüngliche Substanz im Analysengang verlorengeht (eine Wiedergewinnung durch einen rückwärts verlaufenden Prozeß ist natürlich möglich),

daß die Reaktionen eine gewisse Zeit in Anspruch nehmen und

daß die Bestimmung mehrerer nebeneinander vorhandener Komponenten meist nicht gleichzeitig, sondern nacheinander zu erfolgen hat.

Derartige Methoden sind demnach für eine Prozeßkontrolle im laufenden Strom nur schwierig zu verwenden. Sie bilden jedoch die *Grundlage der Analysentechnik* insofern, als sie absolute Messungen gestatten, also Messungen, die ohne spezielle Eichverfahren unmittelbar auf Messungen von physikalischen Grundgrößen zurückgeführt werden können.

2. Die Gruppe der Verfahren, bei denen makroskopische physikalische Stoffumwandlungen als Zwischenreaktionen eingeschaltet werden, enthält so wichtige Methoden wie die Emissionsspektroskopie, die Massenspektrometrie, die Aktivierungsanalyse und die elektrochemischen Analysenverfahren. Benutzen wir als Beispiel die Emissionsspektroskopie, so wird normalerweise die Analysensubstanz mindestens verdampft und in der elektrischen Entladung ionisiert, bevor die eigentliche Messung der emittierten Strahlung nach Inten-

sität und Wellenlänge erfolgt. Sieht man von den Weiterentwicklungen ab, bei denen zur Erhöhung der Empfindlichkeit oder zur Verarbeitung nichtleitender Substanzen weitere Zwischenprozesse, wie Lösen, Adsorption an Ionenaustauschern usf. eingeschaltet werden, so kann man die für uns wichtigsten Eigenschaften dieser Gruppe dahin zusammenfassen, daß es nicht mehr absolute Verfahren sind, dafür aber der Zeitaufwand bei der Analyse oft merklich verringert und häufig der gleichzeitige Nachweis mehrerer Komponenten nebeneinander möglich wird. Damit entsprechen diese Verfahren den Anforderungen der laufenden Prozeßkontrolle bereits besser als die der Gruppe 1, genügen jedoch noch nicht der Forderung der Berührungs- und Zerstörungsfreiheit.

3. Die Verfahren der letzten Gruppe schließlich — die man als „rein physikalische" Methoden bezeichnen darf — beruhen darauf, daß unmittelbar physikalische Eigenschaften der Probe zu ihrer Identifizierung benutzt werden, wobei die Probensubstanz nur *reversible mikroskopische Veränderungen* erfährt, wie sie etwa bei der Anregung eines Atoms zur Fluoreszenz im Röntgengebiet vorübergehend notwendig sind. In diese Gruppe gehören zahlreiche der spektroskopischen Verfahren, wie die Absorption und Fluoreszenz in allen Spektralgebieten, Lichtstreuungsverfahren einschließlich RAMAN-Spektroskopie und die modernen spektromagnetischen Verfahren. Diese Verfahren sind damit vor allen anderen dadurch ausgezeichnet,

> daß sie keine bleibenden Änderungen der Probensubstanz hinterlassen,
> der Zeitaufwand, wenigstens im Prinzip, außerordentlich klein wird und
> die gleichzeitige Ermittlung zahlreicher Komponenten nebeneinander möglich ist.

Durch diese Eigenschaften haben die Verfahren der dritten Gruppe *besondere Bedeutung für die Prozeßkontrolle* und dementsprechend in den letzten Jahren in großem Umfang auch Eingang in die Industrie gefunden.

Bei dieser kurzen Übersicht ist eine Reihe wichtiger Verfahren nicht erwähnt worden, weil sie im strengen Sinne keine Analysenverfahren sind.

Die chromatographischen Verfahren beispielsweise, die in den Formen der Gaschromatographie, der Papier- und Säulenchromatographie und teilweise in Verbindung mit elektrischen Verfahren mit zu den wichtigsten Arbeitsverfahren in Forschung und Praxis gehören, sind im strengen Sinne insofern keine analytischen Verfahren, als sie *nicht unmittelbar*, sondern nur mittelbar Aufschluß über die Natur einer Substanz geben. Der große analytische Wert derartiger Verfahren liegt darin, daß nach erfolgter Trennung der Komponenten das Analysenproblem auf den einfachen Fall eines Zweikomponentensystems reduziert wird. Dabei ist dann zur Feststellung der vorhandenen Menge nur noch eine einfache Messung *einer* geeigneten Eigenschaft notwendig, während über die *Art* der Substanz noch keine eindeutige Aussage erfolgen kann. Die Art der Substanz muß demnach durch eine zusätzliche Messung einer weiteren Eigenschaft getrennt festgestellt werden.

Tabelle 2. Systematik der Analysenmethoden
Beispiele

Stoff-spezifische Verfahren		unspezifische Messungen	
Einzelkomponenten		geeignet für	
nacheinander	gleichzeitig	binäre Mischungen	Einzelkomponenten
		z. B.	
chem. Verfahren	Mehrkanal-Spektrometrie:	Refraktometrie	magn. Suszeptibilität — Sauerstoff —
Kolorimetrie	Röntgenfluoreszenz	Wärmeleitverfahren	
	Emissionsspektrometrie		
Polarographie	Absorptionsspektrometrie	Dichtebestimmung	Polarisationsdrehung — Zucker —
	RAMAN-Spektrometrie		

Die einfache Messung einer einzelnen unspezifischen Eigenschaft (siehe Tabelle 2) bildet eine besondere Gruppe von Verfahren, die ebenfalls im strengen Sinne keine Analysemethoden sind. Zu dieser Gruppe gehören jedoch praktisch sehr wichtige Methoden, wie die Bestimmung des Brechungsindex, der Dielektrizitätskonstante, der Drehung der Polarisationsebene des Lichtes, der Wärmeleitfähigkeit usw. Derartige Verfahren geben keinen spezifischen Aufschluß über die Substanz, ihre analytische Verwendung kann sinnvoll nur dann erfolgen, wenn *entweder* gesichert ist, daß ein Zweistoffgemisch vorliegt, bei dem nur das Mengenverhältnis beider Komponenten zu kontrollieren ist, oder wenn eine Eigenschaft zur Messung herangezogen wird, die *praktisch* (aber nur zufällig) *nur einer Komponente* zukommt. Dies ist beispielsweise der Fall bei der Zuckerbestimmung mit dem Polarimeter, wo bei genaueren Messungen andere optisch aktive Substanzen ausdrücklich ausgeschlossen werden müssen, oder bei der Sauerstoffbestimmung in Gasen auf Grund seines Paramagnetismus, der sich von dem anderer üblicherweise vorkommender Gasbestandteile um Größenordnungen unterscheidet. Wegen ihres allgemein sehr einfachen Aufbaues sowie der damit zusammenhängenden Betriebssicherheit stellen Geräte für derartige Messungen eines der wichtigsten Mittel dar, das heute zur Prozeßkontrolle verwendet wird. Es sei hier die Bemerkung erlaubt, daß diese Art von Geräten auch in Zukunft, eben wegen ihrer für die Praxis wichtigen Eigenschaften, sehr zu beachten ist. Solange sich nicht aus anderen Gründen die Verwendung unspezifischer Maßgeräte verbietet, sind diese den spezifischen Analysengeräten für die breite Anwendung in der Praxis unbedingt vorzuziehen. Die erst in letzter Zeit erfolgte Entwicklung von Prozeßkontroll-Polarimetern, Refraktometern und DK-Meßgeräten ist hierfür als Beispiel heranzuziehen.

Insgesamt ist also festzustellen, daß für die Zwecke der Analyse eine außerordentlich große Zahl der verschiedensten physikalischen Meßverfahren herangezogen wird. Es hängt von dem speziellen Anwendungsfall ab, welchem Verfahren der Vorzug zu geben ist — eine Entscheidung, die nur auf Grund genauester Kenntnis aller Verfahren *und* der spezifischen Aufgabenstellung gefällt werden sollte.

Auf Grund der derzeitigen Situation sind es nun drei Arbeitsrichtungen, die in der Analyse bevorzugt bearbeitet werden:

1. Verfahren zur Prozeßkontrolle,
2. Verfahren zur Spurenanalyse,
3. Verfahren zur Strukturaufklärung.

Tabelle 3. Analysenmethoden
Prozeßkontrolle

Meßmethoden	Trennverfahren	Analysenmethoden
Dichte		
Wärmeleitung		Absorptionsspektrometrie
		RAMAN-Spektrometrie
Brechungsindex		
	Gaschromatographie	
Opt. Drehvermögen		Fluoreszenzspektrometrie
Dielektrizitätskonst.	← unspezifisch	
	spezifisch →	Kernresonanzspektrom.
Ionisierungsverhalten	kombiniert	Massenspektrometrie

Die Bedeutung der Prozeßkontroll-Verfahren (siehe Tabelle 3) ergibt sich aus der Tatsache, daß immer größere Stoffmengen in den technischen Verfahren zu bewältigen sind, bei ständig steigenden Anforderungen an Qualität und Gleichmäßigkeit der Produkte. Die klassische Steuerung eines Prozesses nach äußeren Parametern — Druck, Temperatur, Mengen usw. — reicht dabei um so weniger, je weniger definiert die Ausgangsstoffe sind; und je größer der Durchsatz ist, um so schlechter läßt sich die Ausgangssubstanz im allgemeinen übersehen.

Die Anforderungen an ein Prozeßkontroll-Verfahren lassen sich etwa folgendermaßen zusammenfassen:

a) Analysenzeit möglichst klein, um angeschlossene Regelvorgänge ohne Verzögerung einleiten zu können,

b) kontinuierliche Messung, möglichst ohne Berührung und Änderung der Substanz,

c) Bestimmbarkeit aller interessierenden Komponenten oder Stoffgruppen gleichzeitig.

Die in Einzelfällen — besonders bei binären Gemischen — anwendbaren Meßmethoden wurden bereits in ihrer Bedeutung kurz gestreift. Sie ergeben jedoch keine vollständige Analyse. Als Beispiele seien einige wichtige Anwendungen hier kurz erwähnt:

Das Anfahren von wasserstoffgekühlten Generatoren erfolgt so, daß zunächst die Luft durch CO_2 verdrängt wird. Hierzu wird das austretende Gasgemisch gegen reines CO_2 im Wärmeleitvermögen verglichen, bis Gleichheit anzeigt, daß die Luft vollständig verdrängt wurde. Dann erst wird H_2 einströmen gelassen und wieder die Wärmeleitung des abströmenden Gases, diesmal gegen einen Wasserstoff, gemessen. Nach Erreichen des Gleichgewichtes wird auf Betriebskontrolle umgeschaltet, wobei das Meßgerät nun im Bereich 80—100% H_2 in Luft arbeitet und die laufende Dichtigkeit kontrolliert.

Bei der in großem Umfang bereits eingeführten Vakuum-Strahlentgasung wird dieser Vorgang durch eine analytische Kontrolle der austretenden Gase ständig überwacht, besonders bei den gut kontrollierbaren Vakuum-Heber- und Vakuum-Umlauf-Verfahren. Gemessen werden üblicherweise CO, CO_2, H_2 und O_2, und zwar CO und CO_2 durch nicht dispersive IR-Geräte, H_2 aus der Wärmeleitung und O_2 über den Paramagnetismus.

Ähnliche Probleme liegen vor bei der *großtechnischen Luftzerlegung* zur Gewinnung technischer Gase, der *Raumluftkontrolle* auf gesundheitsschädliche Gase sowie der *Kontrolle von Kernreaktoren* auf den Grad der Radiolyse des Kühlwassers und die Reinheit von Kühlgasen sowie schließlich bei der *Rauchgaskontrolle* in den verschiedensten Zweigen der Technik.

Noch nicht so allgemein eingeführt wie die für diese Messungen benutzten Geräte sind solche für die laufende Messung des *Brechungsindex* und der Drehung der *Polarisationsebene* des Lichtes, die sich ebenfalls erfolgreich zur Prozeßkontrolle benutzen lassen.

Bei dem Prozeßkontroll-*Polarimeter* wird durch ein Servosystem die Drehung der Polarisationsebene des Lichtes durch Drehung des Analysatorkristalls automatisch kompensiert, so daß die Stellung des Servomotors unmittelbar den Drehwinkel abzulesen oder zu registrieren gestattet.

Bei dem Prozeßkontroll-*Refraktometer* wird beispielsweise nach Claesson (1948) die Ablenkung eines Lichtstrahles in einem Doppelprisma gemessen, dessen eine Hälfte mit einer Vergleichssubstanz, die andere mit der Untersuchungssubstanz gefüllt ist. Die Gesamtablenkung des Lichtes ist ein Maß für die Differenz der Brechungsindizes beider Flüssigkeiten.

Besondere Beachtung verdienen jedoch diejenigen Prozeßkontroll-Verfahren, die kompliziertere Stoffgemische laufend zu analysieren gestatten.

Eine Zwischenstellung in unserer Systematik, aber eine beherrschende Stellung in der Praxis, nimmt die *Gaschromatographie* ein. Das Verfahren ist prinzipiell diskontinuierlich, aber seiner Leistungsfähigkeit wegen doch für die Prozeßkontrolle äußerst interessant. Die Trennung der Komponenten erfolgt durch häufig wiederholte Adsorptions-Desorptions-Vorgänge, wobei die unterschiedlichen Gleichgewichte für die Trennung verantwortlich sind. Die eigentliche Meßaufgabe wird also auf ein binäres Gemisch reduziert. Die wichtigsten Aufgaben liegen hier in der Ausarbeitung für die laufende Kontrolle geeigneter Verfahren, die nach Lage der Dinge nur durch Iteration des Grundvorganges oder ein Gegenstromverfahren realisiert werden können, sowie in der *Kombination* der gaschromatographischen *Trennung* mit stoffspezifischen *Analysenverfahren*. Hierfür werden besonders die Absorptionsspektrometrie und die Massenspektrometrie herangezogen, die jedoch den großen Vorteil der apparativen Einfachheit der Gaschromatographie vorerst wieder aufheben.

Noch durchaus im *Einführungsstadium* befinden sich die eigentlichen Analysenverfahren, die die *Gesamtaufgabe* der Prozeßkontrolle zu lösen gestatten.

Hierfür gibt es offenbar zwei Gründe:

Zunächst erfordern die Verfahren, die für die Prozeßkontrolle eingesetzt werden sollen, die Entwicklung *spezifischer Geräte* für diesen Zweck, die sich von Laborgeräten in entscheidenden Eigenschaften unterscheiden, wie Wartungsfreiheit, Explosionsschutz, Langzeitstabilität, Unempfindlichkeit gegen Einflüsse der Umgebung u. a. Der Aufwand für die apparativen Analysenmethoden ist dabei meistens sehr groß, so daß die Entwicklung spezieller Prozeßkontrollgeräte nur auf Grund einer gesicherten Aufgabenstellung erfolgen kann.

Ein besonders schwieriges Problem liegt aber offenbar darin, daß bei einem Laborgerät seine Entwicklung in einer ähnlichen Umgebung, unter ähnlichen äußeren Umständen erfolgt — eben im Labor — wie der spätere Einsatz. Für Prozeßkontrollgeräte ist es aber schlechterdings unmöglich, die Entwicklung des Gerätes unter ähnlichen Bedingungen durchzuführen, wie sie im späteren Einsatz an den verschiedensten Orten vorliegen. Dadurch wird die Entwicklung entscheidend gehemmt, wenn nicht eine *enge Zusammenarbeit* zwischen *dem späteren Benutzer* und dem Entwickler sehr frühzeitig einsetzt und eine sehr gute *Kleinserientechnologie* eine leichte *Anpassung* an die jeweils wechselnden Betriebsbedingungen überhaupt erst ermöglicht.

Einige wichtige Aufgaben der vollständigen PC-Analyse lassen Sie uns näher betrachten.

In der *Metallurgie* sind die verschiedenen Legierungen zu analysieren. Im Interesse einheitlicher Eigenschaften ist dabei die *Zusammensetzung* in engen Grenzen zu halten, durch enge Toleranzen kann der *Einsatz* kostspieliger *Legierungsbestandteile* an der jeweils zulässigen unteren Grenze bleiben — was einer beträchtlichen Einsparung an Kosten entspricht, und die *Schnelligkeit* der Analyse spiegelt sich unmittelbar in einer Erhöhung der Produktivität wider.

Braucht beispielsweise eine 100 t-Charge im Siemens-Martin-Ofen eine Gesamtzeit von 8 Stunden, wovon 25 Minuten auf die Analyse des Gehaltes an Kohlenstoff, Schwefel, Phosphor entfallen, so ermöglicht eine Verkürzung der Analysenzeit auf 2—3 Minuten, *pro Woche eine Charge*, also 100 t Stahl, *mehr* zu erzeugen. Das wichtigste Argument für eine automatisierte Analyse ist jedoch die Erhöhung der *gleichmäßigen Qualität.*

Eine Prozeßkontrolle im eigentlichen Sinne ist dabei nach der Art des Verfahrens nicht möglich, sondern die Analyse wird, dem Chargenverfahren entsprechend, *diskontinuierlich* durchgeführt. Bisher herrscht die *Emissionsspektrometrie* vor, die bei einem Zeitaufwand von insgesamt etwa 3 Minuten die Vollanalyse auf 3—30 Elemente durchzuführen gestattet. Die Grenzen des Verfahrens liegen darin, daß Gehalte über 20%, wie sie bei modernen *Legierungen für besondere Beanspruchungen* häufig vorkommen, schlecht zu erfahren sind.

In den letzten Jahren ist hier die *Röntgenfluoreszenz-Analyse* eingeführt worden, die *keinen* Beschränkungen im Gehalt unterliegt.

Die Analysenzeiten betragen ebenfalls etwa 2—3 Minuten, die unteren Nachweisgrenzen und die mittleren Fehler liegen bei beiden Verfahren etwa gleich.

Sieht man von dem Fall der Metallanalyse ab, bei dem noch zu erwähnen wäre, daß die Röntgenfluoreszenz als völlig *zerstörungsfreies Verfahren* auch bei Fertigteilen angewendet werden kann, so liegen weitere Vorteile darin, daß sie auch für Nichtleiter unmittelbare Anwendung findet, so für die Analyse von Schlacken, Erzen und keramischen Materialien, aber ebenso auch in der organischen Chemie.

In der organischen Chemie liegt der Schwerpunkt der Anwendung der diesmal wirklich kontinuierlichen PC-Röntgenfluoreszenz in der Bestimmung von Schwermetallen in organischen Substanzen. So wird auf diese Weise die Bleibestimmung — Tetraäthylblei — in Treibstoffen und die Bestimmung von Katalysatorbestandteilen im Fertigprodukt laufend durchgeführt. Gehalte von einigen ppm werden so im laufenden Prozeß erfaßt, die Erfassungsgrenze liegt bei 0,1 ppm.

Weitere Prozeßkontrollaufgaben der organischen Chemie wurden vor wenigen Jahren durch die *Massenspektrometrie* erfaßt. Diese Geräte erlauben, zusammen mit einer elektronischen Auswertung, etwa 20 organische Substanzen nebeneinander laufend zu erfassen, und beherrschten kurze Zeit die Prozeßkontrolle der Petrolchemie. Die Einführung der Gaschromatographie hat diese Geräte zunächst, des wesentlich geringeren Aufwandes wegen, verdrängt. Wie oben angedeutet, wird neuerdings eine Kombination beider Verfahren zur Erhöhung der Aussagekraft gaschromatographischer Analysen erwogen.

Möglichenfalls entsteht hier ein neues Einsatzgebiet für die *Laufzeit-Massenspektrometer*, die sich durch sehr große Meßgeschwindigkeit bei vergleichsweise geringem Aufwand auszeichnen.

Die Anwendung *IR- und Raman-spektroskopischer* Verfahren in der Prozeßkontrolle ist vorerst auf seltene Fälle beschränkt geblieben, da geeignete Geräte nur für die nicht dispersive IR-Spektroskopie zur Verfügung stehen. Hier gilt besonders die oben erwähnte Frage der Ökonomie des Einsatzes und der Geräteentwicklung.

Ebenfalls noch wenig Verwendung finden UV-Absorptiometer, obgleich bei ihnen der apparative Aufwand relativ klein gehalten werden kann. Die Gründe dürften in erster Linie in der Eigenart der organisch-chemischen Verfahren liegen, bei denen die Qualitätsanforderungen noch nicht den Einsatz kostspieliger Apparaturen im großen Umfang erzwingen. Eine Erhöhung des Automatisierungsgrades wird jedoch in den nächsten Jahren wohl auch hier große Anstrengungen hervorrufen.

Das jüngste Verfahren, das in der organischen Chemie zur Prozeßkontrolle herangezogen wird, ist die *Kernresonanzspektrometrie*. Das mit diesem Verfahren erreichbare Unterscheidungsvermögen für organische Strukturen ist sehr hoch, wird aber durch ebenfalls sehr großen Aufwand erkauft. Das Verfahren ist jedoch, bei genügender Weiterentwicklung und Vereinfachung der Apparaturen, sehr aussichtsreich für sonst nicht beherrschbare Analysenprobleme, wobei auch Fragen des Polymerisationszustandes usw. mit erfaßbar sind. Die Prozeßkontrolle in der organischen Chemie stützt sich demnach heute vorwiegend auf die einfacheren Gerätetypen, die den Vorzug der leichteren Bedienung, niedrigeren Kosten und größeren Langzeitstabilität besitzen. Bei den steigenden Qualitätsansprüchen und der Intensivierung der automatischen Verfahren ist aber zu erwarten, daß nach dem Vorbild der metallurgischen Industrie die Analyse durch Großgeräte zunehmen wird.

Eine weitere besonders wichtige Frage der Analysenmethodik ist die Herabsetzung der *Nachweisgrenze* und Erhöhung der Meßgenauigkeit bei *kleinen Gehalten*. Hier sind in den letzten Jahren die Forderungen ständig gewachsen, besonders im Gebiet der Biochemie, der Chemie der Naturstoffe und in der Halbleitertechnik.

Eine Übersicht über die wichtigsten Verfahren zeigt Tabelle 4. Die Zahl der Methoden ist also sehr groß, und es muß wieder bemerkt werden, daß für jedes spezielle Problem eine sorgfältige Auswahl des geeigneten Verfahrens getroffen werden muß. Einige dieser Verfahren sollen hier kurz diskutiert werden.

Die *Kernaktivierung* ist eines der Verfahren, die bei geeigneten Elementen große Aussichten besitzen, ein Maximum an Empfindlichkeit zu ergeben. Die Aktivierung erfolgt heute fast ausschließlich durch Neutronen, entweder im Reaktor oder durch Van-de-Graaff-Generatoren mit etwa 10^8-10^{12} Neutronen/cm^2 sec. Die Kosten eines derartigen Generators betragen nur noch

Tabelle 4. Analysenmethoden
Nachweisgrenzen (Beispiele)

Methode	Nachweisgrenze	Grenzkonzentration
Gaschromatographie	$> 10^{-9}$ g organ.	$> 3 \cdot 10^{-8}$
Elchem. M. Polarographie	—	10^{-8} g/ml
Stripping An.	$> 6 \cdot 10^{-9}$ g Ni	10^{-10}
Coulometr.	$> 10^{-8}$ g Fe	$10^{-10} \pm 2 \cdot 10^{-8}$ g
Emiss. Sp. Bogen	—	10^{-9} B in SiO_2
Flamm. Phot.	—	10^{-9} Na
Atom. Abs.	—	10^{-9} Na
Röntgenabsorption	$> 10^{-14}$ g P, S	—
— Fluoreszenz	—	10^{-7} g/ml Zn, Mg
Neutron.-Aktivierung	$> 10^{-12}$ g In	10^{-7}
Kolorimetrie	—	10^{-10} g/ml

etwa 80000 DM, also nicht einmal die eines modernen Spektrographen, so daß mit der Einführung des Verfahrens in die Routine ernsthaft zu rechnen ist. In vielen Fällen aber genügt bereits eine sehr einfache Quelle vom Radium-Beryllium-Typ, um hochempfindliche Analysen durchzuführen. Gerade die Anforderungen der Halbleitertechnik werden es notwendig machen, dieses neue Spezialgebiet eingehend zu bearbeiten, wozu auch die Entwicklung geeigneter Gamma-Spektrometer gehören muß.

An dieser Stelle darf auch auf die große Bedeutung der *stabilen Isotope* für die Prozeßkontrolle hingewiesen werden, wobei die Aktivierungsanalyse im Endprodukt besonders hohe Empfindlichkeit zu erreichen gestattet. Ebenso darf an die Bedeutung der Aktivierungsanalyse für die Zwecke der *Geochemie* und der *geologischen* Erkundung an dieser Stelle erinnert werden.

Besondere Beachtung ist ebenso den *elektrochemischen Methoden* zu schenken, bei denen eine Nachweisgrenze von 0,1 ppb mit relativ einfachen Mitteln erreicht werden kann, also ohne übermäßigen apparativen Aufwand. Besonders in Kombination mit einer vorherigen elektrochemischen Anreicherung und nachfolgender Analyse sind diese Verfahren geeignet, die bisherige Grenze von etwa 10^{-5} M-Lösungen zu unterschreiten.

Diese Erhöhung der Empfindlichkeit, die eigentlich nur durch eine konsequente Untersuchung der möglichen Fehlerquellen bei durchaus lange bekannten Verfahren erreicht wurde, ist ein Beweis dafür, daß viele der heutigen Anforderungen analytischer Empfindlichkeit noch mit den längst eingeführten Verfahren bei allerdings sehr sorgfältiger Arbeit erfüllt werden können.

Etwas Ähnliches läßt sich bei der *Emissionsspektrometrie* beobachten, wo ebenfalls ohne grundsätzliche Neuerungen als Grenzempfindlichkeit 10^{-9} Anteile Bor in SiO_2 erreicht wurde, ein Wert, der durchaus schon für das Gebiet der

Halbleitertechnik interessant ist. Erreicht wurde dieser Wert, neben einer sehr sorgfältigen Justierung der Apparatur zur Erniedrigung des Untergrundes, *durch einen Hochstrombogen in einer Argon-Atmosphäre.*

Die Weiterentwicklung doppeltfokussierender Massenspektrometer mit höchstempfindlichen Empfängern hat es gleichfalls erlaubt, eine Nachweisgrenze von 10^{-9} zu erreichen, so daß die Massen- und die Emissionsspektrometrie die Konzentrationen zu messen gestatten, die bei höchsten Reinheitsanforderungen erreicht werden. Besonders hervorzuheben ist, daß beide Verfahren diese Grenze ohne chemische Aufbereitung erreichbar machen, so daß die bekannten Schwierigkeiten der Beschaffung hochreiner Reagentien weitgehend vermieden werden.

Ein besonders für biologische Spurenanalysen benutzbares Verfahren wurde bisher verhältnismäßig wenig angewandt, das der *Röntgenabsorption.* Das bereits seit 1925 bekannte Verfahren beruht darauf, den Sprung im Absorptionskoeffizienten auf beiden Seiten einer Absorptionskante zur Analyse heranzuziehen.

Das Ergebnis solcher Analysen von Zellbestandteilen entspricht denen der empfindlichsten bekannten Methoden.

Ein von CASTAING angegebenes Verfahren der *Mikroanalyse,* das besonders auch für metallographische Untersuchungen geeignet ist, hat in den letzten Jahren schnell zunehmende Anwendung gefunden. Eine Übersicht über die derzeit verfügbaren Geräte zeigt Tabelle 5. Die Leistungen sind etwa gleich, Unterschiede bestehen in der zusätzlichen Ausstattung. Das Verfahren beruht darauf, daß ein fein fokussierter Elektronenstrahl aus einem Gebiet der Ausdehnung von etwa $1 \times 1\ \mu^2$ Röntgenstrahlen und Sekundärelektronen erzeugt. Die Röntgenstrahlung wird in einer Spektrometeranordnung zur Analyse auf einzelne Elemente benutzt, eine Zeilenabtastung des anregenden Strahls gibt, übertragen auf langleuchtende BRAUNsche Röhren, Bilder der Verteilung einzelner Elemente. Das Verfahren ist besonders zur Verfolgung von Diffusions-

Tabelle 5. Analysenmethoden

Microproben

Hersteller	Fläche (μ^2)	KeV	Rö-Kanäle	Bilder	Diffrakt.	Konz.
Cameca (Fr)	<1	8–35	2	–	+	–
EMI (USA)	0,5	1–50	3	–	–	$>0{,}02\ldots0{,}1$
Norelco (USA)	0,1	1–50	3	Rö: $10 \times 10\mu$	–	$>0{,}1\%$
Elion (USA)	0,1	2–50	3	Rö	–	El-sek, El-abs.
MAC (USA)	1	10–40	2	Rö, El.	–	–
AEI (U. K.)	0,25	1–50	1	Rö, El.	–	–
Cambridge (U. K.)	<1	4–50	1	Rö, El.	–	–
Hitachi (Japan)	0,1	0–50	1	–	+	–
UdSSR	2	–	1	–	–	$0{,}1\% \sim 10^{-13}$ g

vorgängen in Metallen geeignet, bei Vergrößerung der Nachweisempfindlichkeit und Verringerung des Strahlquerschnittes sollten sich noch die Legierungsvorgänge in Halbleiterelementen verfolgen lassen.

Die derzeitige Beschränkung auf Elemente $Z > 12$ könnte vielleicht dadurch beseitigt werden, daß die Analyse massenspektrometrisch durchgeführt wird, indem eine punktweise Verdampfung durch einen impulsgetasteten Elektronenstrahl die notwendigen Ionen erzeugt.

Die Empfindlichkeit der angeführten Verfahren erlaubt also, die Grenzen von 10^{-9} in der Konzentration und 10^{-12} g in der absoluten Menge einigermaßen sicher — die Fehler liegen bei etwa 2—5% — zu erfassen. Derartig hochempfindliche Messungen sind aber nur die Höchstleistungen, die keineswegs in jedem Forschungs- und schon gar nicht im Industrielabor erreicht werden. Entsprechend den heutigen Anforderungen wird es die Aufgabe der nächsten Zeit sein, diese und ähnlich leistungsfähige Verfahren in die Praxis der Forschung und Industrie einzuführen.

Die dritte Gruppe von Fragen, die im Vordergrund des Interesses der analytischen Methoden stehen, umfaßt die Strukturbestimmungen komplizierter organischer Substanzen.

Zu den bekannten Verfahren der Röntgenstrukturanalyse sowie der Absorptions- und Raman-Spektrometrie ist als wichtige Ergänzung in den letzten Jahren die *Kernresonanzspektrometrie* getreten. Das Verfahren beruht auf der Messung der Wechselwirkung der magnetischen Momente von Atomkernen mit einem äußeren Magnetfeld. Die mit hochfrequenztechnischen Methoden zu messenden Übergänge zwischen den verschiedenen möglichen Energieniveaus gestatten noch, außerordentlich feine Unterschiede in der Struktur von Molekülen zu erfassen. Das Verfahren wird heute noch vorwiegend zur Bestimmung der Protonenfrequenzen in organischen Substanzen benutzt. Das Verfahren gestattet, über den Bau eines Moleküls sehr weitgehenden Aufschluß zu erhalten, so daß damit unsere Kenntnisse der Struktur organischer Substanzen wesentlich erweitert werden.

Zu den bereits klassischen Methoden der Untersuchung der Protonenresonanz ist in letzter Zeit verstärkt die Messung der Resonanzfrequenzen auch anderer Kerne getreten, besonders F^{19}, C^{13}, B^{11}, N^{14}, P^{31}, Pb^{207} und Tl^{205}.

Die Entwicklungstendenz der Kernresonanzspektrometrie geht — auf der apparativen Seite — zu einer Vereinfachung der Anlagen bei Erhöhung der Meßgenauigkeit, um die erhaltenen Signale auch quantitativ — z. B. durch Integration — auswerten zu können. Für quantitative analytische Aussagen, die also über die qualitative Interpretation von Bandenlagen und Intensitätsschätzungen der Strukturanalyse hinausgehen, muß noch eine umfangreiche Arbeit geleistet werden. Im Vergleich zu den IR- und Raman-spektroskopischen Methoden ist zu bemerken, daß die Verfahren zwar etwa gleiche Empfindlichkeit besitzen, daß aber die Kernresonanz wesentlich höhere Ansprüche an die

Reinheit der Substanzen stellt, so daß auch von dieser Seite einer allgemeinen Anwendung einige Schwierigkeiten entgegenstehen.

Im Zusammenhang mit Fragen der Strukturanalyse muß schließlich ein weiteres Verfahren erwähnt werden, das nach Untersuchungen einer sowjetischen Forschergruppe von großem Interesse sein kann: die Untersuchung der Feinstruktur der Röntgenabsorptionskante bei hoher Auflösung, die Aufschluß über den Bindungszustand geben kann.

Diese wenigen Beispiele aus dem Gesamtkomplex der apparativen Analyse mögen genügen, um die Vielfalt der Probleme und der angewandten Lösungsmethoden zu demonstrieren. Für die Praxis der Anwendung sind außer den angedeuteten wissenschaftlichen und technischen Fragen aber auch solche der Ökonomie von großer Wichtigkeit.

Ein großes amerikanisches Stahlwerk beschreibt beispielsweise die Einführung eines automatischen Röntgenfluoreszenz-Spektrometers wie folgt:

> Im Mittel werden 47 Legierungstypen mit Gehalten zwischen 0,5—30% untersucht, mit monatlich bis zu 2000 Elementaranalysen. Jede Analyse kostet 0,90 $, bei einem Zeitaufwand unter 20 Minuten. Die Naßanalyse kostet 1,96 $ und benötigt 2—4 Stunden. In allen Fällen ist die Röntgenanalyse genauer als die bisherige Naßanalyse.

Tabelle 6. Wirtschaftlichkeit von Analysenmethoden

Methoden	Unkosten pro Jahr (in 1000 DM)	Unkosten pro Analyse (in DM)	Gerätekosten Personalkosten
Anorg. Makro-Gewichtsanalyse	11	16	7:100
Anorg. Mikro-Gewichtsanalyse	11	16	8:100
Anorg. Makro-Maßanalyse	11	1	7:100
Anorg. Mikro-Maßanalyse	11	1	8:100
Kolorimetrie	12	1	16:100
Organ.-chem. Makroanalyse	11	11	8:100
Organ.-chem. Mikroanalyse	11	7	10:100
Organ. Mikro-Elementaranalyse	11	3	11:100
Gaschromatographie	16	4	33:100
IR-Spektrometrie	22	5	83:100
Flammenphotom.	12	1	20:100
Emissionsspektr.	47	4	176:100
Röntgenfluoreszenz	31	3	82:100
Massenspektrometrie	57	14	240:100
kernmagnet. Resonanz	57	14	240:100

Die BASF hat für die in ihren Laboratorien verwendeten Methoden eine ökonomische Analyse veröffentlicht (siehe Tabelle 6), die zeigt, daß die Kosten der Einzelanalyse auch bei den durch hohe Gerätekosten belasteten physikalischen Verfahren durchaus mit denen des konventionellen chemischen Labors vergleichbar bleiben. Voraussetzung ist natürlich, daß die hohen Amortisationskosten auf eine sehr große Zahl von Analysen umgelegt werden können.

Nach diesem Überblick über die Ökonomie der Arbeitsmethoden sei es gestattet, noch einige Bemerkungen über solche Probleme zu machen, die allgemein alle Analysenmethoden betreffen.

Ein besonders wichtiges Problem scheint mir die Wahl der geeigneten Methode zu sein. Wie bereits mehrfach angeführt, gibt es außer der Erfahrung — der eigenen und der in der Literatur niedergelegten — kein einfaches Auswahlprinzip. Bei den außerordentlich hohen Kosten moderner Großgeräte sind diese Erfahrungen aber nur für hohe Kosten zu erwerben. Es scheint uns daher zweckmäßig, das Sammeln von Erfahrungen an wenigen Stellen, die mit allen fraglichen Geräten ausgerüstet werden können, durchzuführen. An derartigen Stellen kann durch Vergleich die beste Lösung ermittelt und gleichzeitig die Einarbeitung des Bedienungspersonals durchgeführt werden.

Ebenso wichtig ist es für die Volkswirtschaft — für Forschung und Praxis — daß neue Methoden *möglichst schnell* erprobt werden. Hier könnten die Erprobungsstellen zweckmäßig mit eingeschaltet werden, aber das Problem drängt auf *neue Methoden der Zusammenarbeit* von Chemie und Physik. Die Kongresse der Akademie der Wissenschaften der UdSSR sind Beispiele für eine derartige organisierte Zusammenarbeit. Die oben bereits erwähnte Aussprache über Fragen der Strukturbestimmung von Molekülen wurde von der Klasse für Chemie gemeinsam mit einer großen Zahl von Physikern und Meßtechnikern durchgeführt und stellte als Ergebnis der Wissenschaft für die eingehende Erprobung neuer Verfahren, der Technik für den Bau moderner Apparaturen zur Durchführung erprobter Meßmethoden umfangreiche neue Aufgaben. Die wissenschaftliche Kapazität unserer Forschungsgemeinschaft, in der die verschiedensten Arbeitsrichtungen vereinigt sind, könnte hier mit großem unmittelbarem Nutzen eingesetzt werden.

Ein nicht unwichtiger Teil schließlich der gesamten Problematik endet in der Entwicklung und im Bau der notwendigen Geräte. Erlauben Sie mir, aus subjektiven Gründen hierbei ein wenig länger zu verweilen. Die erste Frage ist wieder die, eine gemeinsame Sprache von Physiker und Chemiker zu finden, um zu gemeinsamen, d. h. optimalen Lösungen zu kommen. Dabei ist zu erwähnen, daß ein ausgesprochener Gerätebau stets Lösungen anstreben muß, die eine gewisse Allgemeingültigkeit besitzen. Die speziellen Sonderfragen eines einzelnen Laboratoriums lassen sich nur in seltenen Fällen ohne sehr hohen Aufwand lösen — sie lassen sich aber grundsätzlich *nicht* lösen, wenn keine enge Zusammenarbeit zwischen der Entwicklung und dem Verbraucher stattfindet. Die ganz spezielle Lösung für einen Einzelfall oder ein neues noch nicht erprobtes Verfahren wird stets besser im Laboratorium und in der Werkstatt des Verbrauchers selbst unter dauernder Einflußnahme des Wissenschaftlers auszuarbeiten sein, da für einen Einzelfall nur die *funktionelle Sicherheit* beachtet zu werden braucht. Die Verallgemeinerung, für die breitere Anwendung, hat aber noch die verschiedensten konstruktiven und technologischen Gesichtspunkte zu berücksichtigen, die der reinen Forschung fremd sind.

Wie anläßlich der Diskussion der Prozeßkontrollgeräte bereits kurz angedeutet, ist die Ausarbeitung einer speziellen Technologie für die Herstellung von Einzel- und Kleinseriengeräten eine wichtige Voraussetzung dafür, daß die verschiedensten Wünsche für die Schaffung neuer Geräte schnell und mit möglichst geringem Aufwand erfüllt werden können. Die eine Seite dieser technologischen Fragen wurde in Leningrad in diesem Jahr behandelt, die Bearbeitungsverfahren. Steigende Anforderungen an die Qualität — Meßgenauigkeit, Lebensdauer und Langzeitstabilität sowie Ökonomie des Herstellungsverfahrens — bedingen auch die Ausnutzung der neuesten Erkenntnisse auf dem Gebiet der Materialien und ihrer Verarbeitung. Es ist aber außerdem anzustreben, daß die immer wiederkehrenden Baugruppen vereinheitlicht und dann in Großserie gebaut werden. Hierzu möchten wir auch auf die guten Ansätze für standardisierte Baugruppen hinweisen, die im VEB Funkwerk Erfurt erarbeitet wurden. Die Einführung derartiger Standardbaugruppen würde auch der Grundlagenforschung eine wesentliche Arbeitserleichterung insofern verschaffen, als schließlich nur noch diejenigen Teile einer Apparatur mit den eigenen Kräften zu bauen wären, die gänzlich neu und noch nicht standardisiert sind. Geräte, die als sogenannte „Universalgeräte“ vom Verbraucher jeweils umjustiert werden, stellen nach unseren Erfahrungen keine gute Lösung dar, da die Justage oft umfangreiche Fachkenntnisse erfordert. Es ist aber anzustreben, daß der Hersteller die Geräte so konstruiert, daß auch verschiedenartige Geräte aus möglichst wenigen Grundelementen aufgebaut sind — gewissermaßen Universalgeräte, die aber mit fester Einstellung für den einzelnen Verwendungszweck abgegeben werden können.

Eine Frage schließlich der physikalischen Analyse hat bisher noch wenig Beachtung gefunden, das ist die einer vollständigen Auswertung der erhaltenen Informationen. So wird von den Informationen, die ein IR-Spektrum, das mit dem UR-10 aufgenommen wurde, liefert, häufig nur die Lage und peak-Höhe weniger Banden benutzt, oder auf der Platte mit dem Spektrum einer Metalllegierung werden nur wenige Linien nach Lage und vielleicht Schwärzung ausgewertet. Die anderen Informationen werden verworfen. Es scheint nicht unmöglich, nach einer genauen Untersuchung, welche nutzbaren Informationen in einem Spektrogramm enthalten sind, deren volle Ausnutzung durchzuführen. So könnte man beispielsweise unter Verwendung weiterer Linien daran denken, über die Entladungsparameter bei der Emissionsspektroskopie neue Aufschlüsse zu erhalten, die zu einer Erhöhung der Meßgenauigkeit führen dürften.

Diese Frage scheint uns deswegen von besonderer Bedeutung, weil die Disproportionen immer größer werden, die zwischen dem technisch-apparativen Aufwand und damit dem möglichen Informationsinhalt und der Ausnutzung dieser Informationen, besonders in der technischen Anwendung der Analysen, bestehen. Optimal sind in dieser Richtung die erwähnten einfachen Meßverfahren; der Weg einer vollständigen Informationsausnutzung wird, wenigstens andeutungsweise, beim Einsatz von Massenspektrometern, gekoppelt mit Elektronenrechenmaschinen, in der Petroleumindustrie beschritten.

Das große Gebiet der Analysenmethoden ist, überblickt man die Fülle der Probleme, geradezu ein Musterbeispiel für die Aufgabe der Technik:

> Nutzbarmachung wissenschaftlicher Erkenntnisse zum Wohle der Gesellschaft.

Immer neues und neu interpretiertes älteres Wissen wird in den Problemkreis mit einbezogen, um als Ergebnis ständig neue und bessere Arbeitsmethoden für Wissenschaft und Praxis zur Verfügung zu stellen. Ein voller Erfolg wird aber nur dann gegeben sein, wenn wir lernen, auch neue, höhere Formen der Zusammenarbeit aller Beteiligten zu entwickeln.

Akademiemitglied Prof. Dr. Dr. FRIEDRICH EISENKOLB

Direktor des Forschungsinstituts für metallische Spezialwerkstoffe der Deutschen Akademie der Wissenschaften zu Berlin, Direktor des Instituts für Werkstoffkunde der Technischen Hochschule Dresden

HOCHTEMPERATURWERKSTOFFE, REIB- UND GLEITWERKSTOFFE, FILTERWERKSTOFFE

Der Vorstand der Forschungsgemeinschaft hat mich eingeladen, einen Bericht über die Entwicklung und den Stand von metallischen Sonderwerkstoffen für den modernen Maschinenbau zu erstatten. Die Zahl der in Betracht kommenden Werkstoffe ist außerordentlich groß, und ich bin deswegen gezwungen, eine Auswahl zu treffen. Ich beschränke mich in meinen folgenden Ausführungen auf Werkstoffe, die in dem Arbeitsbereich des Forschungsinstituts für metallische Spezialwerkstoffe der Deutschen Akademie der Wissenschaften zu Berlin liegen.

Ich will zunächst Werkstoffe besprechen, die für die Anwendung bei hohen Temperaturen bestimmt sind, dann werde ich über einige Reib- und Gleitwerkstoffe berichten, und schließlich will ich auf die Metallfilter eingehen, die für Hilfsaggregate des Maschinenbaus in Betracht kommen.

Hochtemperaturwerkstoffe

Ich will mit der Entwicklung der Hochtemperaturwerkstoffe beginnen. Der Bedarf an Hochtemperaturwerkstoffen für den Maschinenbau ist aktuell geworden, als man an die Konstruktion von Gasturbinen und Strahltriebwerken schritt, wobei die besonderen Forderungen der Luftfahrttechnik auf Einsparungen an Gewicht zu berücksichtigen waren. Unmittelbar vor dem zweiten Weltkrieg ist der Stand der Hochtemperaturwerkstoffe gekennzeichnet durch die austenitischen Chrom-Nickel-Stähle, denen man zur Steigerung der Warmfestigkeit noch weitere Legierungselemente zugefügt hatte. Man verlangte damals von einem solchen Stahl, daß er sich bei 650°C unter einer Zugbelastung von 20 kp/mm^2 in 300 Stunden nicht mehr als 0,1% dehnt. Damit waren aber die Forderungen der Konstrukteure von Gasturbinen nur zu einem Teil erfüllt, und man suchte nach anderen Legierungen, um den sich immer weiter steigernden Ansprüchen gerecht zu werden. Die Entwicklung derartiger Werkstoffe erfordert aber längere Zeit, da umfangreiche Versuche notwendig sind, um das Verhalten bei hohen Temperaturen und die richtige Art der Bearbeitung, insbesondere der Wärmebehandlung, zu ermitteln. Während des Krieges entstand in allen daran beteiligten Staaten ein besonders großer

Bedarf an Hochtemperaturwerkstoffen. Bei uns gelangte man damals zu Legierungen auf Eisenbasis mit hohen Gehalten an Nickel und Chrom sowie weiteren Zusätzen, wie z. B. Titan bei der bekannten Legierung Tinidur. In den Vereinigten Staaten und Großbritannien wurden Superlegierungen auf Nickel- und Kobaltbasis entwickelt, die nach dem Krieg noch weiter verbessert wurden. Die große Bedeutung der Hochtemperaturwerkstoffe bewirkte, daß man sich auch für weitere Werkstoffgruppen interessierte, vor allem für pulvermetallurgisch hergestellte aus metallischen und nichtmetallischen Komponenten oder aus intermetallischen Phasen, sowie für Metalle mit sehr hohem Schmelzpunkt, die jedoch erst durch besondere Maßnahmen zunderbeständig gemacht werden müssen. In Tabelle 1 gebe ich eine Übersicht über die wichtigsten Hochtemperaturwerkstoffe, von denen Anwendbarkeit bei Temperaturen über 700° C verlangt wird. Als maßgebende Eigenschaften gelten die Warmfestigkeit und die Korrosionsbeständigkeit. Es darf aber nicht übersehen werden, daß es eine ganze Reihe ebenfalls sehr wichtiger Eigenschaften gibt, die der Werkstoff noch zusätzlich aufweisen soll. Ich werde auf sie noch zurückkommen.

Tabelle 1. Übersicht zur Entwicklung von Hochtemperaturwerkstoffen

Forderung: Anwendbar bei Temperaturen über 700° C;
warmfest und korrosionsbeständig.

Legierungen auf Ni- oder Co-Basis
a) Knetlegierungen
b) Gußlegierungen
c) Sinterwerkstoffe

Legierungen auf Mo- oder Nb-Basis
Erforderlich: Oberflächenschutz;
bei Mo durch Si-Überzüge,
bei Nb durch Zn-Überzüge

Pulvermetallurgische Werkstoffe
a) TiC-Sinterwerkstoffe mit Bindemetallen
b) CrC- und Cr_2B_3-Sinterwerkstoffe mit Bindemetallen
c) Al_2O_3–Cr-Cermets
d) gesinterte intermetallische Verbindungen:
Al–Ni; Mo–Si

Keramische Werkstoffe
a) Silikatkeramische Werkstoffe
b) Oxydkeramische Werkstoffe

Werkstoffe auf Kohlenstoffbasis
a) Natürlicher oder künstlicher Graphit
b) mit Bindemitteln gesinterter Koks (Kohlenstoffstein)

Als erste Gruppe sind in der Tabelle die Legierungen auf Nickel- oder Kobaltbasis angeführt, unterteilt in Knetlegierungen, Gußlegierungen und Sinterwerkstoffe.

Die Mehrzahl der Legierungen sind Knetlegierungen. Nur bei wenigen, die sich durch ihre große Härte schwer verarbeiten lassen, muß man die Formgebung durch Gießen vornehmen. Dazu zählen insbesondere die Legierungen auf Kobaltbasis. Die Anwendung der Präzisionsgießverfahren ermöglichte hier einen großen Fortschritt. Metallische Sinterwerkstoffe auf Basis Nickel oder Kobalt sind grundsätzlich herstellbar. Sie haben aber bisher nur beschränkte Bedeutung erlangt.

Zunehmendes Interesse besteht für die Legierungen auf Molybdän- oder Niobbasis. Sie übertreffen die zuvor genannten Superlegierungen noch in der Warmfestigkeit. Sie sind aber sehr empfindlich gegen Sauerstoff bei hohen Temperaturen. Man ist bemüht, durch Legierungszusätze oder durch Oberflächenschutz diesen Mangel zu beheben.

In der dritten Gruppe sind pulvermetallurgische Werkstoffe genannt. Man kann heterogene Werkstoffe nach pulvermetallurgischen Verfahren erzeugen, wobei eine harte und warmfeste nichtmetallische Komponente mit einem zähen Bindemetall, das ebenfalls hohen Ansprüchen genügen muß, vereinigt wird. Man kann aber auch Pulver aus intermetallischen Verbindungen von hoher Warmfestigkeit und Zunderbeständigkeit durch Pressen und Sintern zu Werkstücken verarbeiten. Die bekanntesten Beispiele dieser Art sind in der Tabelle angeführt.

Die letzten zwei Gruppen, keramische Werkstoffe und Werkstoffe auf Kohlenstoffbasis, sind der Vollständigkeit wegen in die Tabelle aufgenommen worden. Für eine allgemeine Anwendung im Maschinenbau kommen sie nicht in Betracht. Bei den keramischen Werkstoffen ist es die Empfindlichkeit gegen Temperaturwechsel und die geringe Zähigkeit, bei den Werkstoffen auf Kohlenstoffbasis die niedrige Festigkeit, die sie von der Verwendung für höher beanspruchte Maschinenteile ausschließen.

An der Entwicklung der Hochtemperaturwerkstoffe hatte früher auch Deutschland einen großen Anteil trotz aller Beschränkungen, die durch den Mangel an den dazu erforderlichen Grundmetallen, insbesondere Nickel und Kobalt, bedingt waren. In der Nachkriegszeit, die wesentliche Fortschritte brachte, sind die wichtigsten Arbeiten in der Sowjetunion, in Großbritannien und in den Vereinigten Staaten durchgeführt worden. Erst in den letzten 5 Jahren ist das Interesse für Hochtemperaturwerkstoffe durch die Forderungen der Flugzeug- und Energiemaschinenbauer auch bei uns wieder erheblich gestiegen und hat zu eigenen Forschungsarbeiten geführt, so daß eine Reihe von Forschungs- und Entwicklungsstellen gegenwärtig auf diesem Gebiet tätig ist.

Für den Konstrukteur ist die Kenntnis des Kriechverhaltens eines Werkstoffes bei einer bestimmten Temperatur und unter einer bestimmten Belastung von grundlegender Bedeutung. Abb. 1 zeigt in schematischer Darstellung das Kriechverhalten eines Metalls bei konstanter Spannung und Temperatur. Es

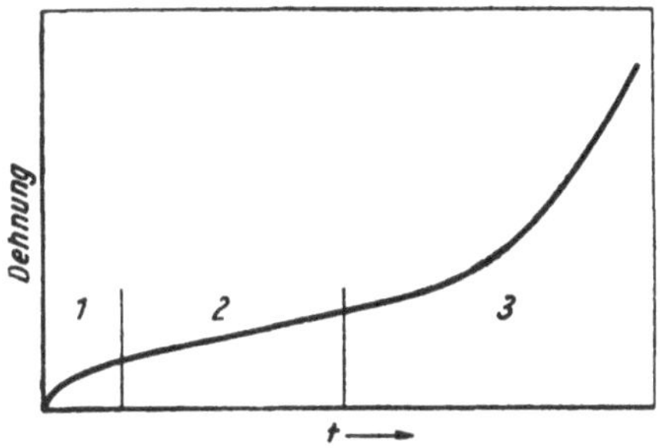

Abb. 1. Zeit-Dehn-Linie bei konstanter Spannung und Temperatur
1 Anfangsbereich, 2 Bereich gleichmäßigen Kriechens, 3 Bereich beschleunigten Kriechens bis zum Bruch

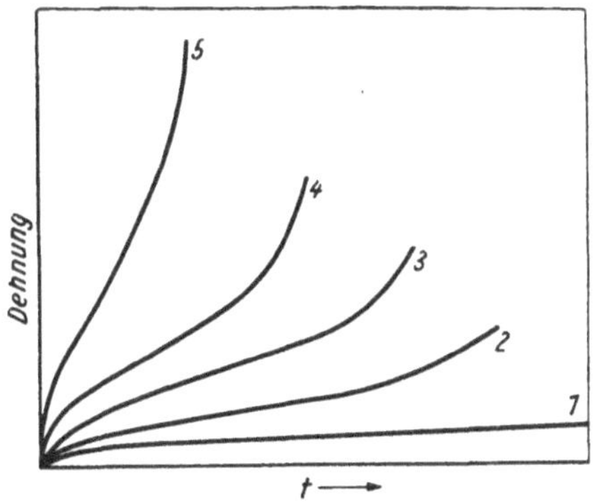

Abb. 2. Zeit-Dehn-Linien bei gleichbleibender Temperatur aber mit verschiedener von 1 bis 5 zunehmender konstanter Spannung

ist daraus zu entnehmen, daß zunächst das Kriechen verhältnismäßig stark einsetzt. Dann verläuft in einem mittleren Bereich der Zeit-Dehn-Linie der Anstieg der Dehnung etwa linear proportional der Zeit. Darüber hinaus wird der Kriechvorgang beschleunigt, und schließlich reißt die Probe. Von besonderer Bedeutung ist der mittlere Bereich. Man ermittelt die bleibende Dehnung nach einer bestimmten Versuchszeit und hat Zeit-Dehn-Grenzen festgelegt, die unter gegebenen Versuchsbedingungen das Verhalten des Werkstoffes kennzeichnen. Meist kommen die 0,1-, die 0,2- und die 1%-Dehngrenze in Betracht bei Versuchszeiten von 100, 1000 und 10000 Stunden. Vereinzelt sind auch Versuche bis zu 100000 Stunden durchgeführt worden oder noch im Gange. Weiter wird als Kenngröße die Zeitstandfestigkeit berechnet, die der Werkstoff bei einer bestimmten Temperatur und Prüfdauer aufweist. Das ist die Spannung, die der Werkstoff dann gerade noch ertragen kann. Es zeigt sich, daß bei gleicher Temperatur die Dehnung bis zum Bruch unter steigender Belastung größer wird. Dies soll durch Abb. 2 veranschaulicht werden, die in schematischer Darstellung 5 Kurven enthält, entsprechend den zunehmenden Belastungsstufen 1 bis 5. Es gibt leider bis heute keinen allgemein gültigen mathematischen Ausdruck für die Beziehung zwischen Druck, Spannung und Temperatur, mit dem man den Verlauf der Kurven eindeutig beschreiben könnte, um daraus die vom Konstrukteur verlangten Werte zu berechnen. Man ist somit darauf angewiesen, in umständlichen und zeitraubenden Versuchen die Kurven aufzunehmen und auf graphischem Wege oder durch Interpolation aus den Meßwerten die erforderlichen Kennzahlen zu ermitteln.

Vor etwa einem Jahr erschien in einer westdeutschen Zeitschrift ein Aufsatz von O. Martin [1], der Angaben über die Lebensdauer warmfester Werkstoffe für verschiedene Anwendungsfälle machte. Sie sind in Tabelle 2 wiedergegeben.

Dazu ist zu ergänzen, daß die Vertreter des Strömungsmaschinenbaus für stationäre Gasturbinen eine Betriebszeit von mindestens 30000 Stunden in Betracht ziehen.

Tabelle 2. Lebensdauer warmfester Werkstoffe für verschiedene Anwendungsfälle nach O. MARTIN

1. Raketen und deren Antriebsaggregate	1 h
2. Triebwerke für unbemannte Flugzeuge	10 h
3. Triebwerke für Nachbrenner für Jagdflugzeuge	100 h
4. Triebwerke für zivile Flugzeuge	1000 h
5. Gasturbinen für Lokomotiven und Schiffe	10000 h
6. Dampfturbinen für Kraftwerke	100000 h

Die meisten Angaben, die man in der Literatur heute antrifft, beziehen sich auf den 1000-Stunden-Versuch. Das wären also die Anforderungen, die man an Werkstoffe für Triebwerke in zivilen Flugzeugen stellt. Aber auch der 100-Stunden- und der 10000-Stunden-Versuch werden häufig als Bewertungsgrundlage angesehen.

Man war früher der Meinung, daß es genüge, das Festigkeitsverhalten metallischer Werkstoffe in der Wärme in einem 45-Stunden-Versuch zu erfassen. Bald aber mußte man erkennen, daß sich der Verlauf nur dann einigermaßen beurteilen läßt, wenn man die Untersuchung über einen wesentlich größeren Zeitraum erstreckt. Selbst der 10000-Stunden-Versuch reicht bei manchen Werkstoffen noch nicht aus. Ich verweise in diesem Zusammenhang auf eine Veröffentlichung von A. THUM, die 1953 in einer Schweizer Zeitschrift erschienen ist [2].

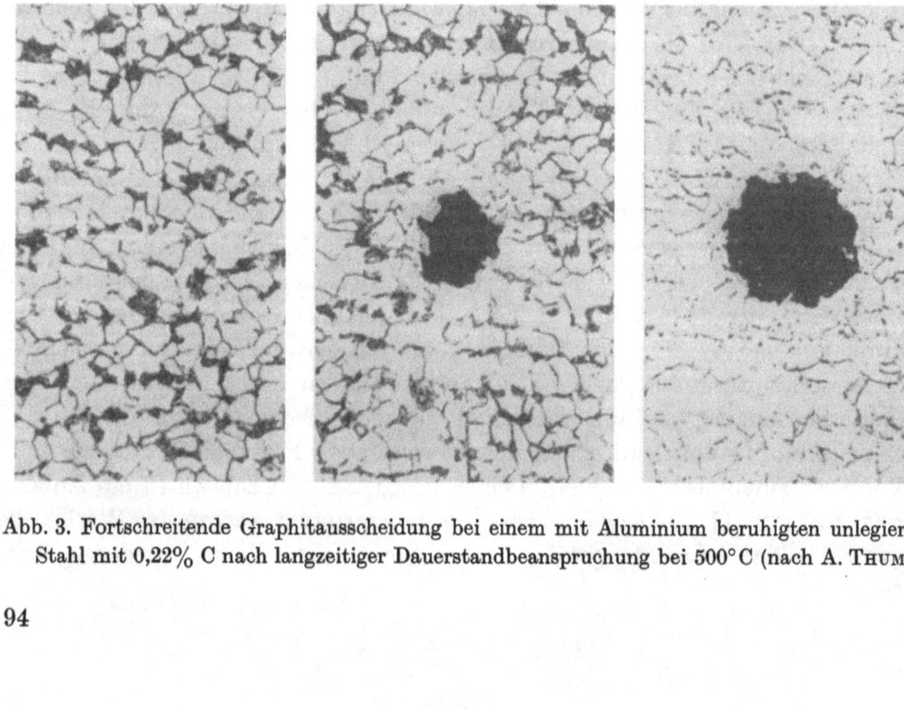

Abb. 3. Fortschreitende Graphitausscheidung bei einem mit Aluminium beruhigten unlegierten Stahl mit 0,22% C nach langzeitiger Dauerstandbeanspruchung bei 500° C (nach A. THUM)

Wie aus den Abb. 3a, b und c zu entnehmen ist, scheidet sich in einem unlegierten Stahl mit 0,22% Kohlenstoff nach langzeitiger Dauerbeanspruchung bei 500°C Graphit aus. Er entsteht durch Zerlegung des in den Perlitlamellen enthaltenen Zementits. Nach einer Versuchsdauer von etwas mehr als 2 Jahren ist dieser Vorgang so weit fortgeschritten, daß das Gefüge fast keinen Perlit mehr enthält und damit eine starke Festigkeitsverminderung erfahren hat. Nun sind zwar die Verbindungen, welche die hohe Warmfestigkeit der heutigen Sonderlegierungen verursachen, wesentlich beständiger als der Zementit des unlegierten Stahls, doch ist der ganze Gefügezustand auch bei diesen Legierungen nur als metastabil anzusehen. Unter den hohen Beanspruchungen, denen der Werkstoff während des Betriebs ausgesetzt ist, sind Veränderungen durch Übergang zum stabilen Gleichgewicht, die das Werkstoffverhalten verschlechtern, deshalb durchaus möglich. Darüber kann aber nur ein Langzeitversuch Auskunft geben.

Warmfestigkeit und Zunderbeständigkeit sind bloß zwei der gestellten Forderungen, die erfüllt werden müssen. Der Konstrukteur gibt auch Vorschriften über den Elastizitätsmodul, die Wärmeleitfähigkeit, die Wärmeausdehnung, das Dämpfungsverhalten, die Dauerschwingfestigkeit, die Temperaturwechselbeständigkeit sowie über wichtige Verarbeitbarkeitseigenschaften, wie Schweißbarkeit, Gießbarkeit, Verformbarkeit und Zerspanbarkeit. Schließlich soll auch die Wärmebehandlung und, soweit erforderlich, die Oberflächenbehandlung leicht durchführbar sein. Es ist unwahrscheinlich, daß alle Forde-

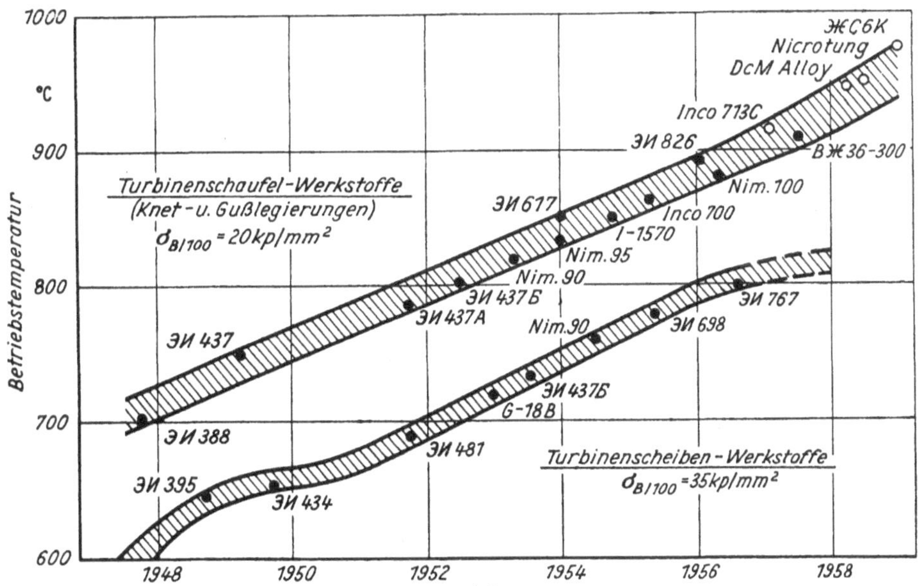

Abb. 4. Entwicklung der Hochtemperaturwerkstoffe seit 1947 (nach J. STERNKOPF)

rungen von einem Werkstoff allein erfüllt werden können, und man muß somit die Möglichkeit haben, je nach den Beanspruchungsfällen dann aus dem Angebot an Werkstoffen den mit den jeweils für den vorgesehenen Zweck günstigsten Eigenschaften auszuwählen.

Die chemische Zusammensetzung dieser Legierungen, wie sie zur Zeit in der Sowjetunion, in Großbritannien und in den Vereinigten Staaten angewendet werden, ist in Tabelle 3 angegeben, allerdings fehlt hier noch die Zusammensetzung einer neuen sowjetischen Spitzenlegierung auf Ni-Basis, welche die Bezeichnung ЖС 6К hat, da sie noch nicht veröffentlicht worden ist [3].

Die Entwicklung der Hochtemperaturwerkstoffe seit 1947 möge aus Abb. 4 hervorgehen [3]. Es sind hier Turbinenschaufelwerkstoffe und Turbinenscheibenwerkstoffe getrennt ausgewertet worden, entsprechend den an sie gestellten Anforderungen, da bei den Turbinenscheibenwerkstoffen eine andere Betriebstemperatur in Betracht kommt. Die Bewertungsgrundlage ist eine im 1000-Stunden-Versuch ermittelte Zeitstandfestigkeit von 20 kp/mm² für die Schaufelwerkstoffe und von 35 kp/mm² für die Scheibenwerkstoffe. Es ist aus Abb. 2 zu entnehmen, daß die sowjetische Legierung ЖС 6К die führende Stellung einnimmt und bei der gegebenen Forderung für die Zeitstandfestigkeit Arbeitstemperaturen bis zu 970° C zuläßt.

Die heute verwendeten Legierungen auf Nickelbasis enthalten, wie aus Tabelle 3 zu entnehmen ist, Zusätze in verschiedener Höhe von Kobalt, Chrom, Molybdän, Wolfram, Titan und Aluminium. Sie sind entstanden durch Weiterentwicklung der seit langem bekannten Legierung aus 80% Nickel und 20% Chrom, die auch heute noch als zunder- und warmfester Werkstoff vor allem für Heizleiter und im Ofenbau eine bedeutende Rolle spielt. Man versuchte bei den sich immer steigernden Ansprüchen die Warmfestigkeit durch Zulegieren weiterer Elemente zu verbessern, nachdem sich eine Änderung des Verhältnisses von Chrom zu Nickel als unzweckmäßig erwiesen hatte. Man fußte dabei auf Arbeiten von P. Chevenard [4], der mit Zusätzen von Aluminium und Titan erreichte, daß sich durch Aushärten die Festigkeitseigenschaften verbessern ließen, ohne daß die Zunderbeständigkeit leidet. Die Wirkung dieser Elemente besteht darin, daß sie intermetallische Verbindungen mit Nickel liefern, die bei höheren Temperaturen gelöst sind, beim Abkühlen aber wieder ausgeschieden werden. Bei der Wärmebehandlung müssen die Ausscheidungen so feinkörnig erfolgen, daß sie mit dem normalen Lichtmikroskop noch nicht nachweisbar sind. Durch Zusatz von Kobalt, Molybdän und Wolfram, welche die Grundfestigkeit des Nickels erhöhen, ließen sich die Legierungen noch weiter verbessern. Der wesentliche Teil dieser Entwicklung erfolgte etwa in der Zeit von 1941 bis 1955. Zu den erzielten Fortschritten haben die Erkenntnisse, die aus der Versetzungstheorie und der Theorie der Gitterveränderungen durch die Ausscheidungsvorgänge bei der Aushärtung folgen, wesentlich beigetragen.

Tabelle 3. Chemische Zusammensetzung neuzeitlicher warm- und zunderfester Werkstoffe

Bezeichnung	Her-steller	Art der Legie-rung[1]	Ni	Cr	Co	Mo	W	Ti	Al	C	Si	Mn	Fe	B	Nb	Sonstige
ЗИ 388	UdSSR	K	7	14	—	0,7	—	—	—	0,42	—	8	Rest	—	—	1,6 V
ЭИ 395	UdSSR	K	25	16	—	6	—	—	—	0,10	—	—	Rest	—	—	0,15 N_2
ЭИ 434	UdSSR	K	13	13	10	3	3	—	—	0,40	—	—	Rest	—	1,3	
ЭИ 481	UdSSR	K	8	13	—	1,1	—	—	—	0,37	—	8	Rest	—	0,3	1,3 V
ЭИ 437 A, Б	UdSSR	K	Rest	20	—	—	—	2,6	0,7	0,08	0,6	0,3	<2	$<0{,}01$[2]	—	
ЭИ 617	UdSSR	K	Rest	15	—	2—4	5—7	2	2	0,08	0,6	0,5	<5	0,008	0,3	
G-18 B	GB	K	13	13	10	2	2,5	—	—	0,4	1	0,8	Rest	—	3	
Ninomic 90	GB	K	Rest	20	18	—	—	2,4	1,4	0,10	1	1	<5	—	—	
Nimonic 95	GB	K	Rest	20	18	—	—	2,8	2	0,15	1	1	<5	—	—	
Nimonic 100	GB	K	Rest	12	20	5	—	1,5	6	0,3	0,5	—	<2	—	—	
J-1570	USA	K	28	20	38	—	7	4,2	—	0,2	—	—	2	—	—	
Inco 700	USA	K	45	15	30	3	—	2,2	3,2	0,15	0,2	0,08	<1	—	—	
Inco 713 C	USA	G	Rest	13	—	4,5	—	0,6	5	0,13	0,20	0,10	<1	—	2	
DCM Alloy	USA	G	Rest	15	—	5,5	—	3,5	4,6	0,08	0,15	0,10	5	0,08	—	
Nicrotung	USA	G	Rest	12	10	—	8	4	4	—	—	—	—	—	—	

[1] K = Knetlegierung; G = Gußlegierung

[2] Ein Borgehalt liegt nur im ЭИ 437 Б vor

Tabelle 4. Lage von hochschmelzenden Metallen für Hochtemperaturwerkstoffe im Periodensystem der Elemente

	4. Nebengruppe	5. Nebengruppe	6. Nebengruppe
1. Große Periode	22 Ti 47,90 4,54 g/cm³ 1820° C	23 V 50,95 6,11 g/cm³ 1900° C	24 Cr 52,01 7,14 g/cm³ 1849° C
2. Große Periode	40 Zr 91,92 6,94 g/cm³ 1855° C	41 Nb 92,91 8,5 g/cm³ 24,15° C	42 Mo 95,95 10,21 g/cm³ 2622° C
3. Große Periode	(Hf)	73 Ta 180,88 16,6 g/cm³ 3030° C	74 W 182,92 3370° C

Atomnummer Symbol Atomgewicht
Dichte Schmelzpunkt

Es wurde schon eingangs erwähnt, daß auch die heutigen Superlegierungen auf Nickel- oder Kobaltbasis den Ansprüchen der Triebwerkkonstrukteure noch nicht genügen und man deswegen nach noch leistungsfähigeren Werkstoffen sucht. In der Metallkunde gibt es eine bekannte Regel, die auf den sowjetischen Wissenschaftler A. A. Botschwar zurückgeht. Sie besagt, daß die Rekristallisation eines kaltverfestigten reinen Metalls, d. h. die Neubildung des Gefüges aus den vorher stark deformierten Kristalliten, bei einer Temperatur beginnt, die etwa dem Produkt von 0,4 mal dem in Kelvin-Graden ausgedrückten Schmelzpunkt des Metalls entspricht. Durch Legierungszusätze, die im Grundmetall im festen Zustand gelöst sind, wird die Rekristallisationstemperatur erhöht. Der Wert für die Rekristallisationstemperatur kennzeichnet im allgemeinen auch die Grenztemperatur, bis zu der das Metall oder die Legierung festigkeitsmäßig verwendet werden kann. Wendet man diese Erkenntnis bei der Auswahl der Werkstoffe für Hochtemperaturzwecke an, so wird man für die erste Beurteilung die Metalle mit dem höchsten Schmelzpunkt in Betracht zu ziehen haben. In Tabelle 4 ist ein Ausschnitt aus dem Periodensystem der Elemente dargestellt, aus dem ersichtlich ist, daß die für technische Zwecke in Betracht kommenden Metalle unmittelbare Nachbarn sind.

In Abb. 5 ist zur Kennzeichnung des Warmfestigkeitsverhaltens die 1%-Zeit-Dehn-Grenze im 24-Stunden-Versuch bei 1000° C für die zuvor angegebenen 8 Metalle eingetragen [5]. Danach liegen die günstigsten Voraussetzungen für die Metalle Chrom, Niob, Molybdän, Tantal und Wolfram vor. In dem Ausschnitt aus dem Periodensystem waren außer dem Schmelzpunkt auch die Werte für die Dichte eingetragen, die für die Anwendung von großer Bedeutung ist. Wenn man die soeben gezeigten Werte für die 1%-Zeit-Dehn-Grenze jeweils durch die Dichte dividiert, so kommt man zu der Darstellung, die in Abb. 6 enthalten ist [5]. Am günstigsten schneiden dann die Metalle

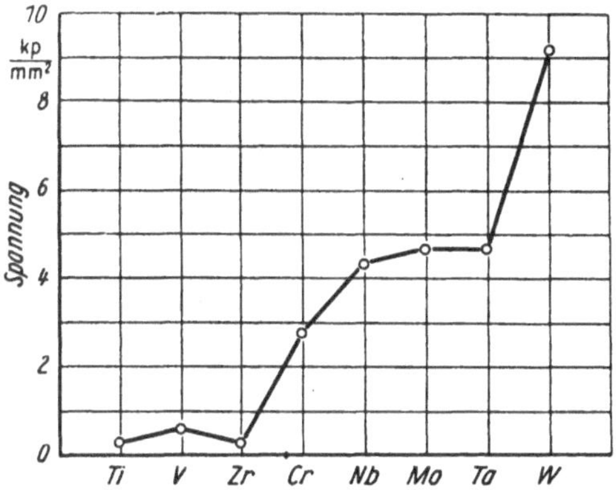

Abb. 5.
Spannung, um 1% bleibende Dehnung in 24 h bei 1000° C hervorzurufen

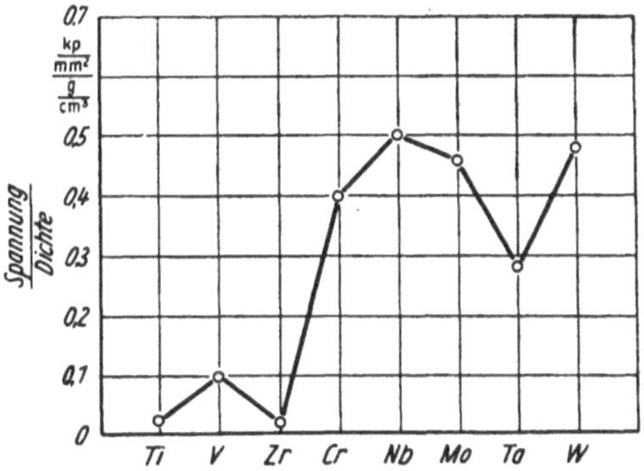

Abb. 6. Spannung/Dichte-Werte zur Erzeugung von 1% bleibender Dehnung in 24 h bei 1000° C

Chrom, Niob, Molybdän und Wolfram ab. Nun spielt aber auch die Verarbeitbarkeit eine nicht zu unterschätzende Rolle, und die ist beim Chrom und Wolfram ungünstiger als bei den Metallen Niob und Molybdän, so daß diese beiden die besten Aussichten zur Verwendung als Hochtemperaturwerkstoffe des Maschinenbaus haben.

Nach einer amerikanischen Darstellung [5] sind die heutigen Spitzenlegierungen bis zu Temperaturen verwendbar, die etwa bei 0,6 mal der in Kelvin-Graden ausgedrückten Schmelzpunkttemperatur des Grundmetalls liegen. In Tabelle 5 sind die maximalen Betriebstemperaturen und das Verhältnis von Betriebstemperatur zur Schmelzpunkttemperatur, beide in Kelvin-Graden ausgedrückt, neben anderen kennzeichnenden Daten für die höchstschmelzenden Metalle eingetragen. Es dürften aber die Angaben für Titan,

Tabelle 5. Schmelzpunkt, Dichte und Gitter einiger hochschmelzender Metalle sowie maximale Betriebstemperatur aus ihnen hergestellter Spitzenlegierungen

Metall	Schmelzpunkt T_S °C	Maximale Betriebstemperatur T_B °C	$\frac{T_B\ (°K)}{T_S\ (°K)}$	Dichte g/cm³	Gitter bei 20° C	Gitter bei 900° C
Ti	1800	870	0,56	4,5	h	krz
V	1700	930	0,61	6,0	krz	krz
Zr	1750	980	0,62	6,5	h	krz
Cr	1850	980	0,59	7,1	krz	krz
Nb	2400	1350	0,61	8,6	krz	krz
Mo	2600	1430	0,60	10,2	krz	krz
Ta	3000	1675	0,60	16,6	krz	krz
W	3400	2000	0,62	19,3	krz	krz

verglichen mit den Werten, die aus anderen Veröffentlichungen bekannt geworden sind, doch wohl zu hoch gegriffen sein. Wenn man sich auf die zuvor als am aussichtsreichsten angesehenen Metalle Niob und Molybdän beschränkt, so ist aus der Tabelle 5 zu entnehmen, daß für sie bei entsprechender Legierung und Wärmebehandlung Anwendungstemperaturen bis rund 1400°C möglich sind.

Wie die heutige Lage ist, mag auch Abb. 7, die der gleichen Quelle [5] entstammt, veranschaulichen. Sie zeigt die große Überlegenheit der Molybdän- und Nioblegierungen gegenüber den bisher angewendeten metallischen Werkstoffen, wenn man eine Zeitstandfestigkeit von 14 kp/mm² im 100-Stunden-Versuch als Bewertungsgrundlage wählt.

Leider haben aber diese beiden Metalle nicht die erforderliche Zunderbeständigkeit, so daß ihre Anwendung zunächst in Frage gestellt ist. Es wurde bereits angedeutet, daß man bemüht ist, die Zunderbeständigkeit zu verbessern. Vor mehreren Jahren schien es, daß das Problem beim Molybdän gelöst sei, da es gelang, durch eine Wärmebehandlung in siliziumhaltigen Dämpfen einen gegen das Verzundern schützenden Überzug aus Molybdändisilizid aufzubringen. Dieser Überzug schützt ausgezeichnet, solange er vollkommen dicht ist. Sind aber Poren oder Risse vorhanden, dann wird das Molybdän dort bei den in Betracht kommenden hohen Temperaturen von den sauerstoffhaltigen Gasen unter Bildung von flüchtigem Molybdäntrioxyd so stark angegriffen, daß das Werkstück in kurzer Zeit zerstört wird. Man hoffte zunächst, daß bei genügender Dicke des Überzuges ein Selbstausheilen von Verletzungen in der Schicht möglich wäre. Aber dieser Vorgang ist zu unsicher, als daß man sich im Betrieb darauf verlassen könnte.

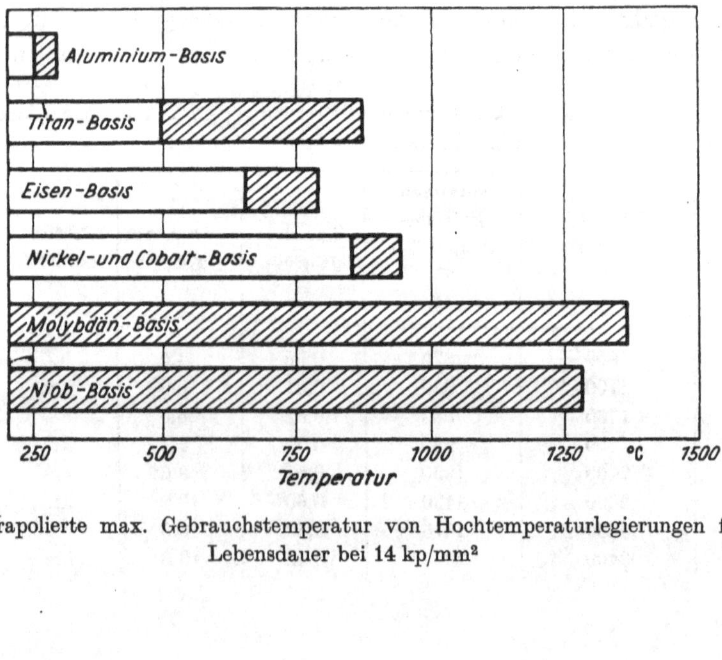

Abb. 7. Extrapolierte max. Gebrauchstemperatur von Hochtemperaturlegierungen für 100 h Lebensdauer bei 14 kp/mm²

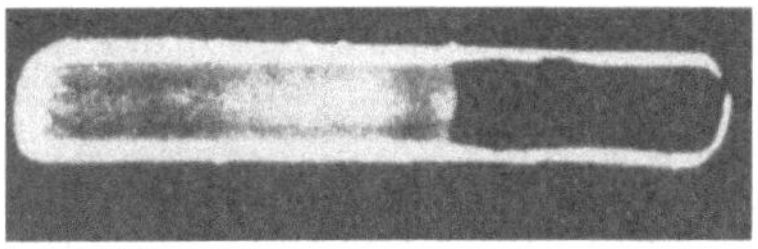

Abb. 8. Verzunderungsversuche mit inchromierten Molybdänblechproben

Andere Arbeiten, die sich bis in die letzte Zeit erstreckten, befaßten sich mit dem Aufbringen von Chromüberzügen. Sie sind nach mehreren Verfahren möglich, wobei man zum Schluß durch Glühen bei sehr hohen Temperaturen trachten muß, eine feste Bindeschicht zwischen Molybdän und Chromauflage unter Mischkristallbildung zu erreichen. Auch diese Verfahren haben bisher zu keinem Erfolg geführt. Die Chromschicht schützt zwar das Molybdän, sie ist aber sehr spröde und dadurch empfindlich gegen mechanische Beanspruchungen, so daß sehr leicht Verletzungen auftreten können. Ist einmal eine Fehlstelle aufgetreten, so wird das darunterliegende Molybdän bald zerstört, wie dies aus Abb. 8 hervorgeht. Wendet man zum überziehen mit Chrom das Diffusionsverfahren an, das Temperaturen um 1600° C erfordert, so versprödet das übliche technische Molybdän außerdem so stark, daß es als Maschinenbauwerkstoff unbrauchbar wird. Zur Zeit laufen Untersuchungen darüber, ob man durch Legierungszusätze oder Erhöhung des Reinheitsgrades die Versprödung vermeiden kann.

Beim Niob, das erst in neuester Zeit stärker beachtet wurde, liegen die Verhältnisse ähnlich. Amerikanische Angaben [6] besagen, daß es durch Zinküberzüge möglich ist, einen ausreichenden Schutz gegen die Verzunderung zu finden. Man hat sich bisher mit Niob, das meist zusammen mit Tantal in der Natur vorkommt, wenig befaßt, obwohl das Niob auf der Erde verhältnismäßig stark vertreten ist. Die Menge des Niobs in der Erdrinde ist etwa ein Drittel von der des Kupfers und gleich groß wie die des Kobalts. Leider sind aber keine größeren Anreicherungen anzutreffen. Über die Zeitstandfestigkeit

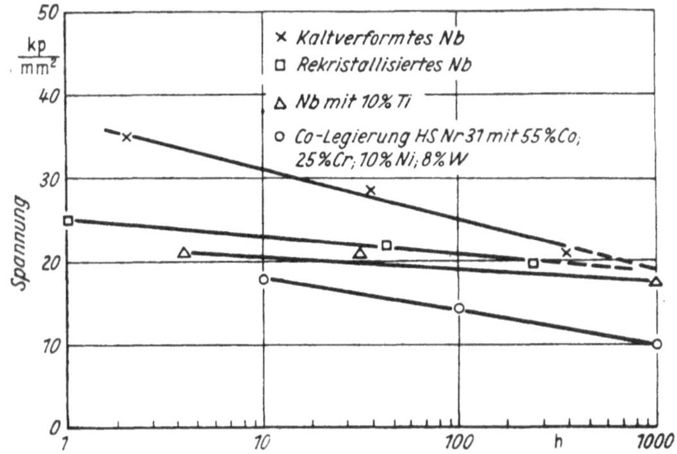

Abb. 9. Zeitstandfestigkeit von Nb und Nb–Ti-Legierungen bei 982° C

von Niob und Nioblegierungen bei verschiedener Beanspruchungsdauer im Vergleich mit einer Spitzenlegierung auf Kobaltbasis soll Abb. 9 unterrichten [5].

Die dritte Gruppe der Hochtemperaturwerkstoffe in Tabelle 1 sind die pulvermetallurgischen Werkstoffe, die entweder als Verbundwerkstoffe hergestellt werden oder aus intermetallischen Phasen. Man hat auf sie noch vor etwa 5 Jahren große Hoffnungen gesetzt, die sich allerdings bisher nur zum Teil erfüllt haben. Die Arbeiten darüber sind aber nicht vergebens gewesen, denn es haben sich neue Anwendungsgebiete gezeigt, für die diese Werkstoffe sehr wertvoll sind. Man setzt die Entwicklungsarbeiten fort, wenn auch nicht mehr in dem Tempo, mit dem sie ursprünglich begonnen haben. Daß das Interesse der Verbraucher gesunken ist, lag auch daran, daß die Entwicklung der Superlegierungen zu besseren Ergebnissen geführt hat, als man ursprünglich zu hoffen wagte. Trotzdem ist aber das Verlangen nach Werkstoffen, die über 1000° C anwendbar sind, aufrecht geblieben, wie es die im Gang befindlichen Untersuchungen an Molybdän und Niob beweisen. Am besten von den heute meist als „Cermets" bezeichneten Hochtemperaturwerkstoffen schneiden zum gegenwärtigen Zeitpunkt die auf Titankarbidbasis ab. Der Ausdruck „Cermet", der sich international eingebürgert hat, stammt aus dem Amerikanischen und ist eine Abkürzung aus ceramic und metal, wobei man das Titankarbid und manche intermetallische Phasen großzügig als keramische Stoffe betrachtet. Die Zeitstandfestigkeit der Titankarbidwerkstoffe ist, verglichen mit den Legierungen auf Kobalt- und Nickelbasis, eine sehr gute. Dies wird durch die Angaben in Tabelle 6 bestätigt [3]. Sie enthält außer der sowjetischen Spitzenlegierung ЖС6К und einigen weiteren Legierungen amerikanischer, britischer und sowjetischer Herkunft die Werte für ein österreichisches und ein deutsches Titankarbid-Cermet, die sehr günstig liegen. Das österreichische hat die Bezeichnung WZ 12 C, das deutsche, hergestellt im VEB Hartmetallwerk Immelborn, die Bezeichnung TZ 1. Auch das Zunderverhalten dieser pulvermetallurgischen Werkstoffe ist ausgezeichnet. Ihre Dichte liegt etwas

Tabelle 6. Zeitstandfestigkeitswerte von warmfesten Legierungen und Cermets auf Titankarbidbasis

Werkstoff	Zeitstandfestigkeit $\sigma_{B/100}$ [kp/mm²] bei				
	800° C	850° C	900° C	950° C	1000° C
ЖС 6 К	53	40	31	23	17
Nicrotung	53	38	27	18	13
ВЖ 36-300	40	30	22	15	10
Nimonic 100	30	22	16	10	4,5
ЭИ 617	27	18	10,5	4,5	—
WZ 12 C	32	—	—	—	10
TZ 1	30	22,5	17	11,5	7

niedriger und ihre Härte bei Raumtemperatur beträchtlich höher als die der zum Vergleich herangezogenen Legierungen. Der Gesamtkarbidgehalt beträgt etwa 50%, der Rest entfällt auf das Bindemetall, das aus einer zunderbeständigen Nickel–Kobalt–Chrom-Legierung besteht. Zum Unterschied von dem österreichischen Werkstoff, bei dem reines Titankarbid verwendet wird, weist das in der DDR erzeugte Cermet ein titankarbidreiches Mischkarbid mit 80% Titankarbid und 20% einer Mischung aus Niobkarbid und Tantalkarbid auf.

Der Herstellungsgang ist der in der Pulvermetallurgie übliche durch Pressen der Pulvermischung und nachfolgendes Sintern, wofür eine Temperatur von fast 1300° C in Betracht kommt. Dabei tritt ein starker linearer Schwund auf, so daß eine Nacharbeit auf die genauen Abmessungen erforderlich wird. Die Festigkeitseigenschaften und der Widerstand gegen die Verzunderung sind sehr gut, doch lassen die Zähigkeit und Temperaturwechselfestigkeit noch zu wünschen übrig. Die Anwendung als Hochtemperaturwerkstoff beim Bau von Triebwerken war deshalb nur beschränkt möglich. Die Entwicklungen sind aber auf diesem Gebiet noch nicht abgeschlossen, und die bisher gemachten Erfahrungen haben dazu geführt, daß man die hochwertigen Werkstoffe auf dieser Basis für andere Verwendungszwecke bereits nutzbar machen konnte, z. B. für Warmpreßwerke.

Auch an die Cermets aus Tonerde und Chrom waren hohe Erwartungen geknüpft. Obwohl Anfangserfolge zu verzeichnen waren, war es bisher nicht möglich, die Zähigkeit zu erreichen, die man von einem Turbinenschaufelwerkstoff verlangt. Es ergeben sich aber auch hier zahlreiche neue Anwendungsgebiete, z. B. für hochbeanspruchte Schutzrohre, so daß zum mindesten ein beachtlicher Teilerfolg bei dieser Entwicklung vorliegt.

Die Untersuchungen mit Metallboriden, insbesondere mit Boriden des Chroms, Nickels, Zirkons, Wolframs und Molybdäns, sind in großem Umfang in der Sowjetunion und den Vereinigten Staaten sowie auch in einer Reihe anderer Länder aufgenommen worden. Sie brachten viele neue Erkenntnisse, ihre Anwendung ist aber auf Sonderfälle beschränkt geblieben. Dazu zählen die Verwendung von Wolframborid als Gleitwerkstoff bei hohen Temperaturen oder die von Lanthanborid für Kaltkathoden in Elektronenröhren.

Das gleiche gilt auch für die Werkstoffe, die man aus gesinterten intermetallischen Verbindungen herstellt. Insbesondere waren es hier die Systeme Aluminium–Nickel und Molybdän–Silizium, die eingehend auf ihre Brauchbarkeit als Werkstoffe für hohe Temperaturen untersucht wurden. Im System Nickel–Aluminium tritt eine intermetallische Verbindung mit der Zusammensetzung AlNi auf, die einen um fast 200 Grad höheren Schmelzpunkt aufweist als das Nickel. Die daraus nach verschiedenen Verfahren hergestellten Werkstoffe erweisen sich aber als zu spröde. Erhöhung des Nickelgehaltes im Werkstoff oder teilweise Oxydation des Aluminiums zu Tonerde während der Verarbeitung brachten Verbesserungen, aber es ist noch offen, wie weit sich diese für die Praxis auswirken werden. Bei den Molybdän–Silizium-Werkstoffen ist ebenfalls die große Sprödigkeit das entscheidende Hindernis für die Anwendung im Maschinenbau. Aus Molybdändisilizid sind aber inzwischen Heizleiter hergestellt worden, die weit höhere Beanspruchungen zulassen, als es bisher mit den bekannten Silitheizstäben oder mit Heizleiterlegierungen auf Nickel- oder Eisenbasis möglich war.

Sinteraluminium

Ein warmfester Werkstoff besonderer Art, wobei die Warmfestigkeit nur relativ aufzufassen ist im Vergleich mit den Legierungen aus demselben Grundwerkstoff, ist das Sinteraluminium, dessen Kennzeichen ein hoher Gehalt an Sauerstoff ist. Es liegt jedoch keine Legierung im üblichen Sinn vor, da der Sauerstoff im Aluminium unlöslich ist. Er ist mit dem Aluminium zu Tonerde verbunden, die in sehr feiner Verteilung im Gefüge auftritt. Die Herstellung von Sinteraluminium dieser Art ist erstmalig den Schweizern A. von Zeerleder und R. Irmann 1946 gelungen, und von ihnen wurde dieses auch als neuer Werkstoff weiterentwickelt, bis es zur Anwendung insbesondere in der Luftfahrttechnik und im Motorenbau geeignet war. Inzwischen ist die Erzeugung von Sinteraluminium in verschiedenen Ländern nach dem gleichen Prinzip aufgenommen worden, und auch in der DDR ist eine Anlage im Entstehen.

Die einzelnen Verfahren unterscheiden sich, soweit es bekannt geworden ist, lediglich durch die Art der Vorbereitung des Pulvers voneinander. Der Herstellungsgang läßt sich kurz wie folgt angeben: Man geht von einem Aluminiumpulver aus, das z. B., wie es ursprünglich der Fall war, aus Folienabfällen oder, wie es bei uns gehandhabt wird, durch Zerstäuben einer Schmelze gewonnen wird. Dieses Pulver wird durch eine Mahlbehandlung verfeinert, damit es zum Pressen geeignet ist. Dabei erhält man zunächst ein sogenanntes Leichtpulver, dann ein Schwerpulver. Nun verdichtet man das Pulver in einem Preßwerkzeug bei Raumtemperatur. Die dabei entstehenden Preßlinge werden bei einer Temperatur von etwa 550° C nachverdichtet und endlich im Gesenk oder nach den Strangpreßverfahren, ebenfalls bei 550° C, auf die gewünschte Form gebracht. Das Leichtpulver hat eine Schüttdichte von etwa 0,2 g/cm^3, das Schwerpulver, das aus den zusammengeballten Pulverteilchen des Leichtpulvers besteht, eine solche von etwa 1,0 g/cm^3. Das Verpressen bei Raumtemperatur unter einem Druck von etwa 5 Mp/cm^2 führt zu einer Verdichtung auf 2,0 g/cm^3, und schließlich erreicht man durch das Warmverdichten einen Endwert von 2,8 g/cm^3. Das ist höher als die Dichte des Reinaluminiums, die 2,7 g/cm^3 beträgt. Diese höhere Dichte geht zurück auf den Gehalt an Al_2O_3, dessen Dichte bei etwa 4 g/cm^3 liegt. Dazu ist folgendes zu sagen: Das Aluminium ist immer mit einer dünnen Oxydschicht überzogen. Wird nun die

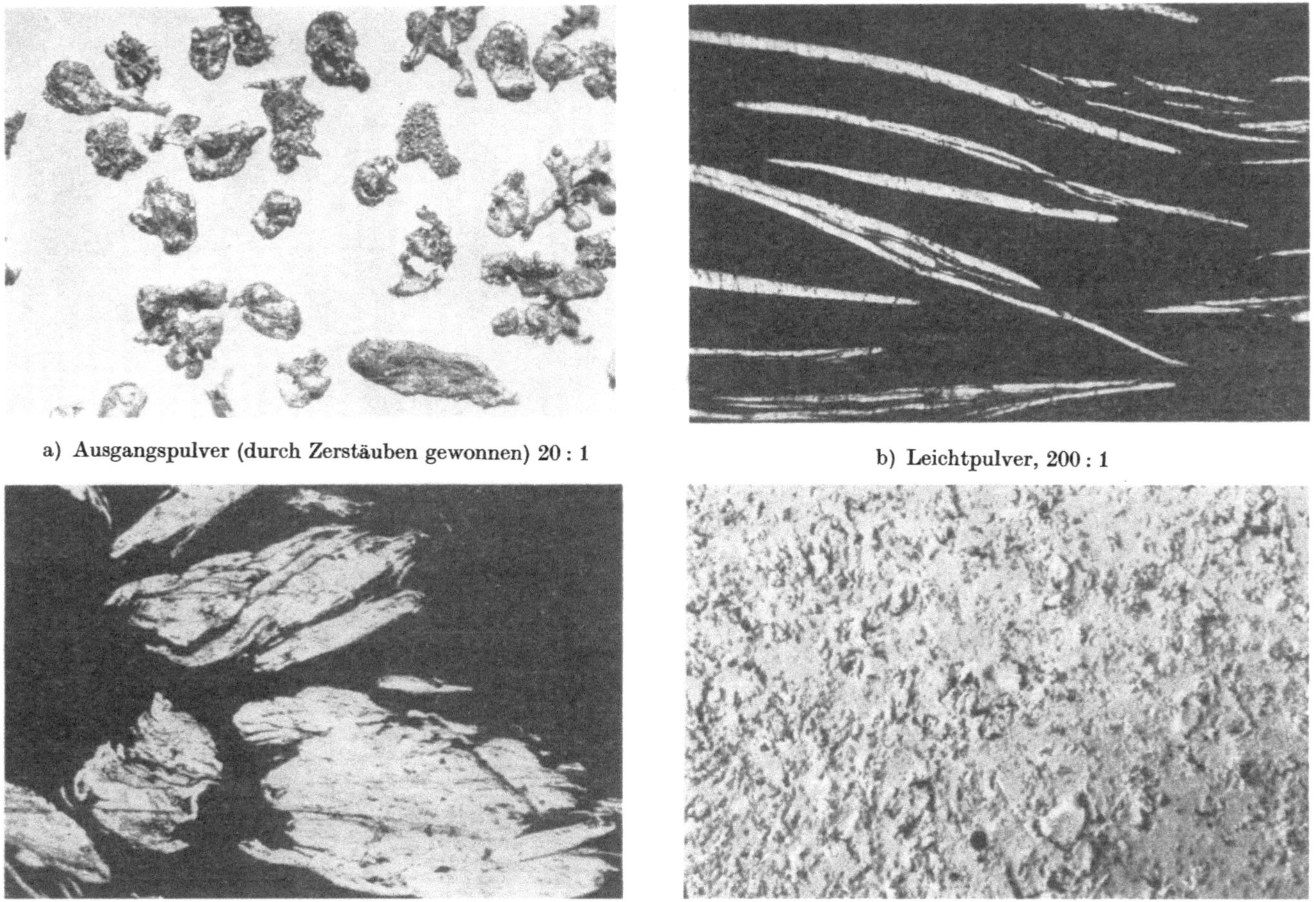

a) Ausgangspulver (durch Zerstäuben gewonnen) 20 : 1

b) Leichtpulver, 200 : 1

c) Schwerpulver, 200 : 1

d) Elektronenmikroskopische Aufnahme von SAP, 4000 : 1

Abb. 10. Herstellung von Sinteraluminium

spezifische Oberfläche durch das Zerkleinern auf Pulver beträchtlich erhöht, so steigt der Gehalt an Oxyd, das sich auf der Oberfläche der Pulverteilchen befindet, stark an. Die Mahlbedingungen haben dabei wesentlichen Einfluß auf die Bildung der Oxydhäute auf der Oberfläche der Aluminiumteilchen. Abb. 10 (a, b, c und d) zeigt das Pulver nach dem Verdüsen, dann das Leichtpulver, das daraus entstandene Schwerpulver und schließlich auch eine elektronenmikroskopische Aufnahme von stranggepreßtem Sinteraluminium.

Der Sauerstoffgehalt, ausgedrückt als Al_2O_3, liegt bei den heute hergestellten Sorten zwischen 10 und 15%. Bis vor kurzem wurde Sinteraluminium nur aus Reinaluminiumpulver hergestellt. In neuerer Zeit stellt man auch Legierungen her, wovon insbesondere die mit Silizium, das bis zu Gehalten von 30% zugesetzt wird, hervorzuheben sind.

Die kennzeichnenden Eigenschaften, die das Sinteraluminium wertvoll machen, sind die schon angedeutete Warmfestigkeit und die Beständigkeit der Festigkeit auch nach sehr langen Glühbehandlungen. Sie sind bedingt durch das Gefüge. Durch den Feinmahlprozeß sind Pulverteilchen entstanden, die in der Größenordnung von 0,1 μm liegen. Bei ihrer Verarbeitung entsteht ein dichter Werkstoff, in dem die metallischen Teilchen durch Tonerdeeinschlüsse voneinander getrennt sind. Ein solcher Werkstoff kann nicht rekristallisieren, und er läßt sich auch sowohl in der Kälte als auch in der Wärme

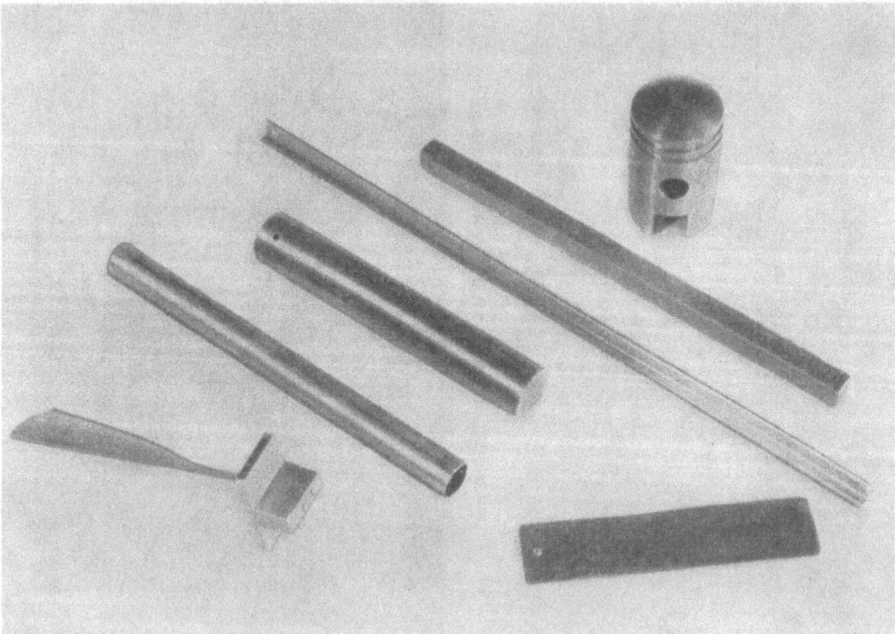

Abb. 11. Halbzeuge und Fertigteile aus Sinteraluminium

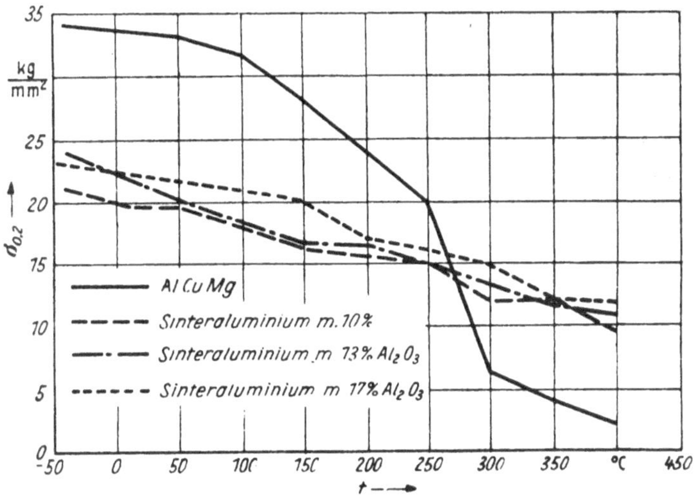

Abb. 12. $\sigma_{0,2}$-Grenze von SAP mit verschiedenem Al_2O_3-Gehalt und von AlCuMg in Abhängigkeit von der Prüftemperatur

im Vergleich mit dem üblichen Reinaluminium nur schwer verformen, da in den kleinen Teilchen, die nahezu idealen Kristallen entsprechen, nur wenig Versetzungen vorhanden sind, die Gleitvorgänge ermöglichen könnten, und da auch ein Verschieben der einzelnen Teilchen gegeneinander unter der Wirkung von Schubspannungen durch die dazwischen liegenden Oxydeinschlüsse stark behindert wird. Trotzdem lassen sich bei hohen Temperaturen unter entsprechendem Kraftaufwand größere Verformungen erzielen, wie das Strangpressen von Rohren und ähnlichen Halbzeugen sowie das Gesenkschmieden von Fertigteilen, z. B. Rohlinge für Schaufeln für den Niederdruckteil von Gasturbinen, beweisen. Abb. 11 zeigt Muster, wie sie im Forschungsinstitut für metallische Spezialwerkstoffe, das die Sinteraluminium-Entwicklung in der DDR durchgeführt hat, hergestellt wurden. Einen Vergleich mit der hochwertigen Aluminiumlegierung AlCuMg ermöglicht das in Abb. 12 dargestellte Diagramm, das den Einfluß der Prüftemperatur auf die 0,2-Grenze wiedergibt. Bei Raumtemperatur hat die erwähnte kupferhaltige Knetlegierung im ausgehärteten Zustand eine Zugfestigkeit von etwa 40 kp/mm². Das Sinteraluminium mit mittlerem Al_2O_3-Gehalt weist bei Raumtemperatur eine Zugfestigkeit von etwa 35 kp/mm² auf. Die 0,2-Grenze liegt für die ausgehärtete AlCuMg-Legierung bei Raumtemperatur um 33 kp/mm², für das Sinteraluminium um 22 kp/mm². Während nun bei der ausgehärteten AlCuMg-Legierung Zugfestigkeit und Streckgrenze durch Temperaturerhöhung stark nachlassen, ist der Rückgang beim Sinteraluminium verhältnismäßig gering. Bei etwa 270° C sind die Streckgrenzenwerte bei beiden Werkstoffen auf gleicher Höhe, und bei 400° C zeigt sich die deutliche Überlegenheit des Sinterwerkstoffs gegenüber der Knetlegierung. Es wurden ferner eingehende Zeitstanduntersuchungen durchgeführt, die gute Ergebnisse lieferten. Dies wird

Tabelle 7. Zeitstanduntersuchungen von Sinteraluminium mit 12,5% Al_2O_3 bei erhöhten Temperaturen

Temperatur °C	σ_B kp/mm²	δ_5 %	$\sigma_{B/10}$ kp/mm²	$\sigma_{B/100}$ kp/mm²	$\sigma_{B/500}$ kp/mm²
200	27,0	7,5	16,7	16,5	16,3
300	19,5	6,0	11,1	10,9	10,7
500	10,2	1,6	5,3	5,2	5,1

(ausgeführt im Institut für Werkstoffe im Forschungszentrum der Luftfahrtindustrie in Pirna)

durch die Angaben in Tabelle 7 bewiesen. Sie stammen aus Untersuchungen des Instituts für Werkstoffe des Forschungszentrums der Luftfahrtindustrie in Pirna. Dasselbe möge aus Festigkeitsuntersuchungen an einem Motorkolben hervorgehen, die in Tabelle 8 zusammengestellt worden sind. Zum Vergleich sind dort Prüfwerte angeführt, die an einem Kolben gleicher Art aus einer hochsiliziumhaltigen Gußlegierung erhalten wurden.

Gegenüber Legierungen, die Mischkristalle enthalten, weist das Sinteraluminium außerdem eine höhere Leitfähigkeit für Wärme und Elektrizität auf, da es sich um einen heterogenen Werkstoff handelt und das Aluminium selbst unlegiert geblieben ist. Grundsätzlich kann Sinteraluminium überall dort verwendet werden, wo hohe Festigkeit auch nach lang andauernder Er-

Tabelle 8. Festigkeitsuntersuchungen an Moped-Motorkolben aus Sinteraluminium mit 7 und 15% Al_2O_3 sowie aus der Gußaluminiumlegierung GK AlSi 20

Werkstoff	σ_B [kp/mm²] Kolbenboden	σ_B [kp/mm²] Kolbenaugen
Sinteraluminium mit 7% Al_2O_3	24,1 32,2 22,8	27,05 21,9 21,7
Sinteraluminium mit 15% Al_2O_3	33,1 35,0 32,2	28,1 27,0 —
Gußrohling aus GK AlSi 20 (Kokillenguß) (Zusammensetzung nach Liefervorschrift: Si 20–22% Cu 1,1–1,6% Ni 0,8–1,1% Mg 0,6–0,9% Mn 0,1–0,3%)	24,7 23,6 24,2	23,0 23,9 24,4

wärmung und bei erhöhter Temperatur verlangt wird. Seine Korrosionsbeständigkeit steht der des reinen Aluminiums nicht nach.

In den letzten Jahren hat auch der Reaktorbau großes Interesse am Sinteraluminium genommen. Es soll hier an Stelle des Zirkons als Hüllenwerkstoff für die Brennstoffelemente verwendet werden, da Aluminium grundsätzlich dazu geeignet ist und in der Form des Sinteraluminiums auch die erforderliche hohe Warmfestigkeit aufweist. Im Zusammenhang damit konnte festgestellt werden, daß sich die Korrosionsbedingungen in heißem Druckwasser von denen in Wasser bei Raumtemperatur unterscheiden, da sich andere Formen von Oxyden auf der Oberfläche bilden. Es ist gelungen, durch Legierungszusätze, vor allem von Silizium und Nickel, die im Reaktor auftretenden Korrosionsproben befriedigend zu lösen.

Reibwerkstoffe

Man kann allgemein feststellen, daß in der modernen Werkstofftechnik Verbundwerkstoffe zunehmende Beachtung gefunden haben. Zu ihrer Erzeugung sind die Methoden der Pulvermetallurgie besonders geeignet. Das gilt auch bei der Herstellung von hochwertigen Werkstoffen für Brems- und Kupplungsbeläge, auf die ich nun zu sprechen komme. Reibwerkstoffe haben die Aufgabe, im Kontakt mit einem anderen Werkstoff kinetische Energie in Wärme umzusetzen oder dazu beizutragen, daß zwei Flächen, die gegeneinander gleiten, eine feste, aber wieder leicht lösbare Verbindung erfahren. Man verlangt deshalb, daß Reibwerkstoffe einen möglichst hohen, jedoch von den Beanspruchungsbedingungen weitgehend unabhängigen Reibbeiwert aufweisen, daß sie gegen auftretende hohe Temperaturen unempfindlich und gegen Verschleiß widerstandsfähig sind. Bei der Verwendung in einer Kupplung oder Bremse müssen sie einen weichen Eingriff gewährleisten, und schließlich ist auch, um einen zu hohen Temperaturanstieg zu verhindern, gute Wärmeleitfähigkeit erwünscht.

Solange der Maschinenbau nur geringe Anforderungen in diesen Belangen stellte, kam man mit Holz oder Leder als Reibwerkstoff aus. Später ging man dann über zu Asbest, der mit organischen Stoffen imprägniert worden war. Dazu dienten Bitumen, Asphalt, trocknende Öle und ähnliche Stoffe, und schließlich wurden Kunstharze auf Phenolbasis als Bindemittel angewendet. Der Asbest wurde dabei entweder als Gewebe oder in loser Faserform benutzt. Zur Verbesserung der Wirkung wurden außerdem noch Füllstoffe, wie Schwerspat, Kreide, Kieselgur und dergleichen zugefügt. Derartige Reibwerkstoffe sind bis 250° C brauchbar und ertragen sogar zeitweise Temperaturen bis 350° C. Allerdings ist dann ein Absinken des Reibbeiwertes unvermeidlich. Die weitere Entwicklung bestand in der Einführung von Kautschuk als Bindemittel, in Deutschland speziell in der Form von Buna. Bedingt durch Beschaffungsschwierigkeiten trachtete man in Deutschland, zu asbestfreien Werkstoffen überzugehen, und fand nach langwierigen Versuchen während des letzten Weltkrieges schließlich einen Austauschreibwerkstoff, der aus feinfaseriger Stahlwolle in Bunabindung unter Zusatz bestimmter Füllstoffe, insbesondere Eisenoxyd, erzeugt wurde.

Im Ausland hatte bereits mehrere Jahre vor dem Krieg eine andere Entwicklung eingesetzt, die in Deutschland erst viel später bekannt wurde. Ausgehend von der Erkenntnis, daß bei den immer größer werdenden Geschwindigkeiten der Kraftfahrzeuge und Flugzeuge die in den Bremslängen auftretenden Temperaturen die Anwendung organischer Bindestoffe bald ausschließen werden, versuchte man, Reibwerkstoffe durch Sintern von metallischen Pulvern unter Zusatz von nichtmetallischen Bestandteilen herzustellen. Man gelangte so zu einem Hochleistungswerkstoff auf Bronzebasis, der außer in der Flugzeug- und Fahrzeugindustrie auch im Werkzeugmaschinenbau und in der Fördertechnik zahlreiche Anwendungsmöglichkeiten fand, z. B. in schweren Friktionsschmiedepressen oder in Baggern. Der in den USA bereits vor dem Krieg hergestellte Reibwerkstoff hatte folgende Zusammensetzung: 62% Cu, 7% Sn, 12% Pb, 8% Fe, 7% C als Graphit und 4% SiO_2 als Kieselgur. Ein in der Sowjetunion in neuerer Zeit auf Kupferbasis erzeugter Hochleistungsfriktionswerkstoff, der sich in Flugzeugen ausgezeichnet bewährt hat, wird aus Messingspänen, Asbest und Schwerspat mit Zusatz von Kunststoff als Bindemittel erzeugt. In der Tschechoslowakischen Sozialistischen Republik stellt man ebenfalls Hochleistungsfriktionswerkstoffe auf Kupferbasis her.

Bei uns wurde die Entwicklung der Reibwerkstoffe vor etwa 10 Jahren aufgenommen und hat zu guten Ergebnissen geführt, so daß nun die Errichtung eines Betriebes zur Erzeugung von Kupplungs- und Bremsbelägen auf pulvermetallurgischem Wege im Gange ist. Der bei uns entwickelte Reibwerkstoff unterscheidet sich von den im Ausland hergestellten dadurch, daß als Basismetall Eisen gewählt wurde statt Kupfer. Dafür gab es zweierlei Gründe. Einmal ist Kupfer für uns ein Mangelmetall, und dann war zu erwarten, daß Eisen wegen seines höheren Schmelzpunktes auch höhere Betriebstemperaturen zulassen würde. Man hat auch im Ausland versucht, auf Eisenbasis Reibwerkstoffe herzustellen, doch wurden diese Versuche, soweit uns bekannt, vielfach wieder eingestellt, und erst in neuerer Zeit ist das Interesse dafür wieder angestiegen.

Der bei uns angewendete Arbeitsgang besteht darin, daß man dem Eisenpulver bis zu 45 Vol.-% hochwertigen Graphit zusetzt sowie als reibungssteigernde Komponenten, wenn erforderlich, Kieselsäure und Tonerde. Ferner werden kleinere Mengen an Blei und Phosphor zugefügt. Die Mischung wird kalt verpreßt und unter besonderen Bedingungen gesintert. Gegebenenfalls kann ein zweites Pressen in der Wärme stattfinden, um eine höhere Dichte zu erreichen. Eine wesentliche Verbesserung der Eigenschaften wird dadurch

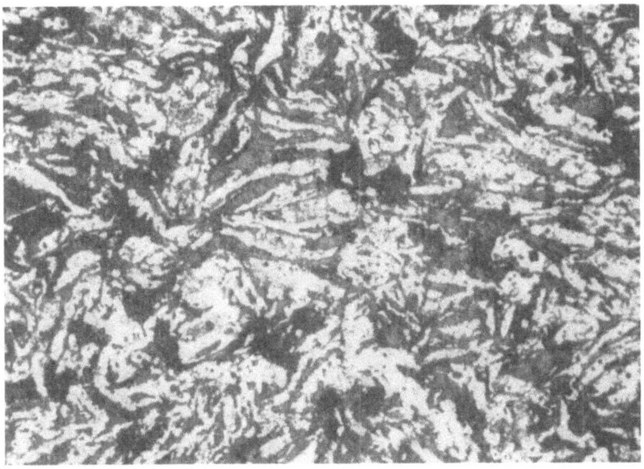

Abb. 13. Reibwerkstoffe auf Eisen–Graphit-Grundlage; Struktur des Gefüges bei 40 Vol.-% Graphit, Ätzung: 1% HNO_3, 200 : 1

allerdings nicht mehr herbeigeführt. Die Biegebruchfestigkeit liegt zwischen 5 und 8 kp/mm² und reicht aus, daß dickere Platten ohne Stahlunterlage verwendet werden können. Bei dünneren Belägen wird auf eine Stahlunterlage unter Druck gesintert, wobei man mitunter zuvor die Unterlage verkupfert, um eine bessere Bindung zwischen Reibwerkstoff und Stahl zu erreichen. Die Festigkeit wird durch den Skelettkörper aus Eisen bestimmt; der Phosphorzusatz begünstigt das Sintern und erhöht die Festigkeit. Der Graphit dient dazu, das Gleiten zu erleichtern und das Verschweißen mit dem Gegenwerk-

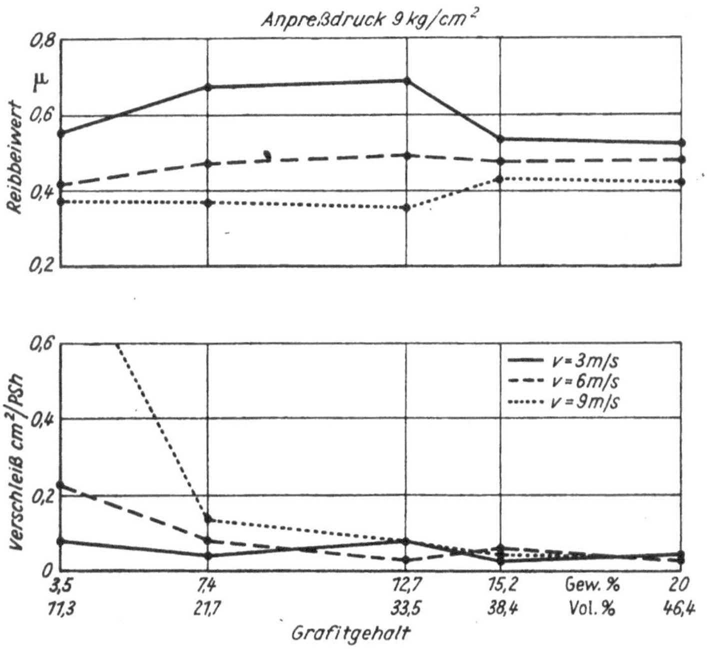

Abb. 14. Reibwerkstoffe auf Eisen–Graphit-Grundlage; Reibbeiwert und Verschleiß in Abhängigkeit vom Graphitgehalt

a) Preßluft gesteuerte Wendegetriebekupplung für Bagger UB 80,
Hersteller: VEB Kupplungs- und Triebwerksbau Dresden

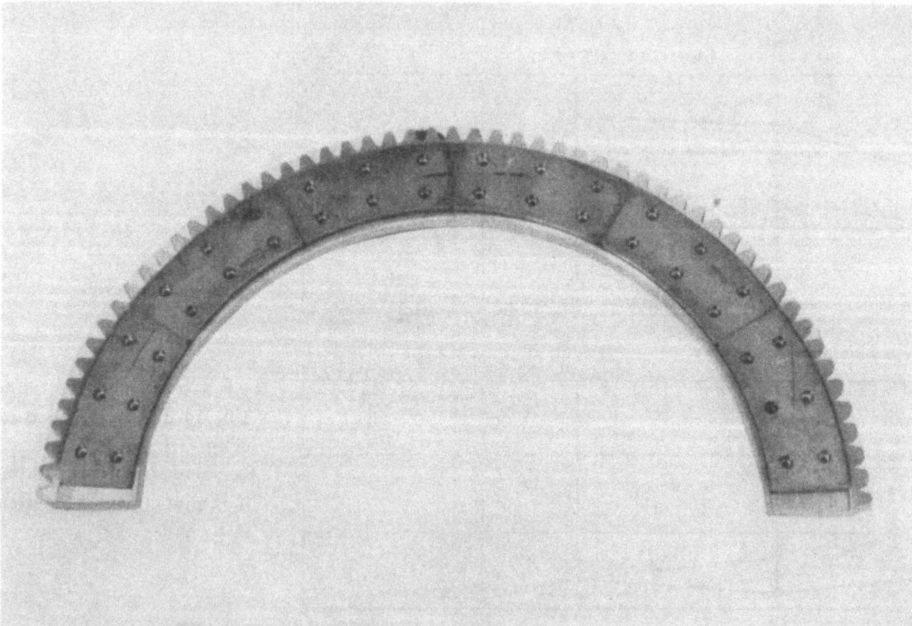

b) Geteilte Lamelle mit aufgenieteten Eisengraphitsegmenten

Abb. 15a und b.

stoff, der aus Grauguß oder Stahl besteht, zu verhindern. Tonerde und Kieselsäure erhöhen den Reibbeiwert, und der Einfluß des Bleis schließlich, das in feiner Verteilung auftritt, besteht darin, daß es das Gleiten begünstigt, indem es ausgleichend wirkt. Sobald Temperaturen über 330° C erreicht werden, schmilzt das Blei und setzt als flüssige Phase an der Reibfläche den Reibbeiwert herab, so daß Überbeanspruchungen dadurch vermieden werden.

Der Reibbeiwert kann durch die Wahl der Zusammensetzung innerhalb größerer Bereiche verändert werden. Bei Trockenlauf können Werte zwischen 0,3 und 0,7 erzielt werden. Beim Lauf unter Öl und Stahl als Gegenwerkstoff wurde der durchschnittliche Reibbeiwert mit 0,12 ermittelt. Das ist etwa das Doppelte des Reibbeiwertes, der auftritt, wenn Stahl auf Stahl in Öl läuft.

Einer der Hauptgründe für die Anwendung von Kupfergraphit-Reibwerkstoffen ist der, daß die beim Sintern von Kupfer- und Zinnpulvern entstehende Bronze eine größere Wärmeleitfähigkeit besitzt als Eisen. Man kann aber die Leitfähigkeit der Eisengraphit-Reibwerkstoffe verbessern, indem man den metallischen Anteil im Vergleich zu Kupfergraphit-Reibwerkstoffen erhöht. Dies ist möglich, da der Reibbeiwert auch ohne SiO_2 und Al_2O_3 bereits sehr groß ist.

In den letzten Jahren wurden zahlreiche Versuche auf Prüfständen und in verschiedenen Maschinen durchgeführt. Sie bewiesen die grundsätzliche Eignung des Werkstoffes und trugen dazu bei, ihn weiter zu verbessern und be-

Abb. 16. Universalbagger 80 des VEB Schwermaschinenbau NOBAS, Nordhausen

sonderen Verwendungszwecken anzupassen. So zeigte es sich, daß selbst nach Beanspruchungen in einer Bremstrommel, bei welchen der Reibwerkstoff auf Rotglut erhitzt wurde, dieser noch keine Schädigung erfahren hatte. Abb. 13 zeigt das Gefüge des auf Eisenbasis hergestellten Reibwerkstoffes mit 40 Vol-% Grafit. Die hellen Flächen entsprechen dem Eisenskelettkörper, die grauen Flächen dem Graphit, und die schwarzen sind zum Teil Poren, zum Teil Bleieinschlüsse oder entsprechen beim Schleifen herausgerissenen anorganischen Zusätzen. Abb. 14 stellt die Abhängigkeit des Reibbeiwertes und des Verschleißes vom Graphitgehalt bei verschiedenen Gleitgeschwindigkeiten unter einem Anpreßdruck von 9 kp/cm^2 dar. Die Abb. 15 und 16 veranschaulichen Anwendungsbeispiele. In dem in Abb. 16 gezeigten Bagger ist der neue Kupplungswerkstoff eingebaut, nachdem sich die bisher in der DDR hergestellten Kupplungswerkstoffe nicht bewährt hatten. Obwohl der Bagger bedeutend kleiner ist als sein Vorgänger, der UB 120, läßt sich mit ihm fast die doppelte Leistung erreichen.

Gleitwerkstoffe

Große Bedeutung haben die pulvermetallurgischen Werkstoffe auch für Gleitkörper. Ich darf wohl voraussetzen, daß die porigen Sinterlager auf Bronze- oder Eisenbasis, wie sie in der Nachkriegszeit auch in der DDR in sehr großen Stückzahlen erzeugt wurden, genügend bekannt sind, und möchte mich deswegen auf einige Sonderentwicklungen der neueren Zeit beschränken. Zunächst ist die gesinterte Bleibronze zu erwähnen. Man kann Bleibronze sowohl schmelzmetallurgisch als auch pulvermetallurgisch herstellen. Der Vorteil der Pulvermetallurgie besteht darin, daß man jedes beliebige Verhältnis von Blei zu Kupfer durch Pulvermischungen einstellen kann, während schmelzmetallurgisch bei höheren Bleigehalten wegen der beschränkten Löslichkeit des Bleis im geschmolzenen Kupfer und der Unterschiede in der Dichte Schwierigkeiten bestehen, da leicht Entmischungen auftreten können, wenn nicht besondere Maßnahmen, wie z. B. die Anwendung des Schleudergießens, getroffen werden.

Wegen der geringen Festigkeit der Bleibronze mit höherem Bleigehalt kommt man nicht ohne Stahlunterlage aus. Pulvermetallurgisch kann man nun so vorgehen, daß man die Blei-Kupfer-Pulvermischung direkt auf eine Stahlunterlage aufwalzt und festsintert, wobei Zwischenschichten aus Kupfer, Nickel oder Zinn, die man aus dem Stahlband vorher galvanisch aufbringt, die Bindung verbessern. Man kann auch unmittelbar Blei-Kupfer-Pulvermischungen zu Bändern verwalzen, die dann gesintert werden und bei geeigneter Zusammensetzung sich genügend verformen lassen, um sie dem Verwendungszweck anzupassen.

Die ausgezeichneten Gleiteigenschaften der Bleibronze sind genügend bekannt. Sie werden noch dadurch verbessert, daß man bei der pulvermetallur-

Abb. 17. Keilflächenlängslager aus Sintereisen

gischen Erzeugung die Möglichkeit hat, Bleibronze mehr oder weniger porig herzustellen. Dadurch werden ihre Notlaufeigenschaften gesteigert. Während in den anderen Ländern die pulvermetallurgisch erzeugten Blei–Bronze-Gleitkörper bereits ausgedehnte Anwendung gefunden haben, ist sie bei uns bisher auf Versuche beschränkt geblieben. Es wäre sehr zu empfehlen, daß der Fahrzeug- und Flugzeugbau von den hier gebotenen Möglichkeiten recht bald Gebrauch machte, nachdem die Technologie der Erzeugung vorliegt.

Das zuvor Gesagte gilt auch für die Verwendung von Längslagern, die entweder auf Eisenbasis oder auf Bleibronzebasis pulvermetallurgisch herstellbar sind. Kennzeichnend für diese Lager ist, daß man auf einfache Weise Keilflächen und Ölnuten in die Lauffläche einpressen kann. Obwohl darüber durchgeführte Forschungsarbeiten seit langem abgeschlossen sind und durchaus günstige Ergebnisse am Prüfstand erzielt wurden, ist bisher noch kein Interesse von seiten der Industrie bei uns gezeigt worden. Abb. 17 zeigt ein solches Längslager.

Man kann auf Eisen–Graphit- oder Bronze–Graphit-Basis nicht nur wertvolle Reibwerkstoffe herstellen, auch Gleitwerkstoffe hoher Leistungsfähigkeit sind auf dieser Grundlage erhältlich. Seit vielen Jahren sind die Kupfer–Graphit-Bürsten als Stromabnehmer in der Elektroindustrie eingeführt. Sie werden pulvermetallurgisch aus Mischungen der beiden Komponenten erzeugt. Auch hier liegt somit ein typischer Verbundwerkstoff vor, bei dem der Graphitanteil das gute Gleitverhalten mit geringem Verschleiß und der Kupferanteil die erforderliche hohe Leitfähigkeit für Wärme und Elektrizität gewährleisten. Schon seit einiger Zeit werden auch andere Gleitkörper in dieser Weise hergestellt, und zwar auf Eisenbasis. Sie sind insbesondere für den Trockenlauf vorgesehen, man kann sie aber selbstverständlich auch mit flüssigen Schmiermitteln anwenden. In diesem Fall trägt eine geringe Porigkeit, die man je nach den Anforderungen einstellen kann, zur Verbesserung der Notlaufeigenschaften wesentlich bei.

Es seien hier drei kennzeichnende Beispiele für die Anwendung von Eisen–Graphit-Gleitwerkstoffen genannt. Abb. 18 zeigt einen sogenannten Inside mit Combsplatten, wie sie in der Gardinenweberei verwendet werden. Die Combsplatten dienen zur Fadenführung und wurden bis vor wenigen Jahren aus einem Sondermessing hergestellt, wobei zur Minderung des Verschleißes Graphit als Trockenschmiermittel angewendet wurde. Das Schmieren mit Graphit

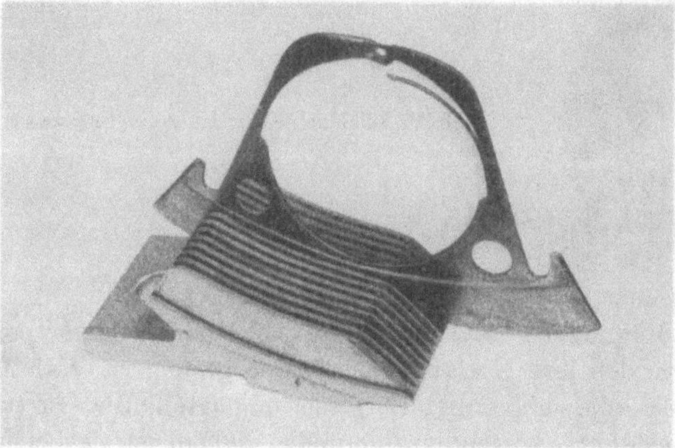

Abb. 18
Inside für Gardinenwebstuhl mit Combsplatten und Distanzstücken

ist wegen des entstehenden Staubes gesundheitsschädlich und führt auch zur Verschmutzung der Gewebe. In Zusammenarbeit mit einer Gardinenweberei wurde nun ein Eisen–Graphit-Gleitwerkstoff für Combsplatten entwickelt. Aus Mischungen von Eisenpulver und Graphitpulver unter Zugabe von etwas Phosphor ist ein genügend fester Combsplattenwerkstoff durch Pressen und Sintern herstellbar, der keine zusätzliche Schmierung durch Graphit mehr erfordert, so daß dadurch ein sauberes Arbeiten gewährleistet ist. Als nächstes Beispiel ist in Abb. 19 der Stromabnehmer für einen Trolleybus dargestellt, der bisher aus Graphit gefertigt wurde und wegen dessen geringer Festigkeit einem starken Verschleiß unterlag. Die Stromabnehmer sollen nunmehr durch Eisen–Graphit-Gleitkörper ersetzt werden, denen zur wesentlichen Erhöhung des Korrosionswiderstandes noch Blei zugesetzt wird. Schließlich sei als drittes Beispiel die Verwendung von Graphit–Metall-Gleitwerkstoff für Stopfbüchsendichtungen angeführt. Darüber laufen zur Zeit zahlreiche Versuche in verschiedenen

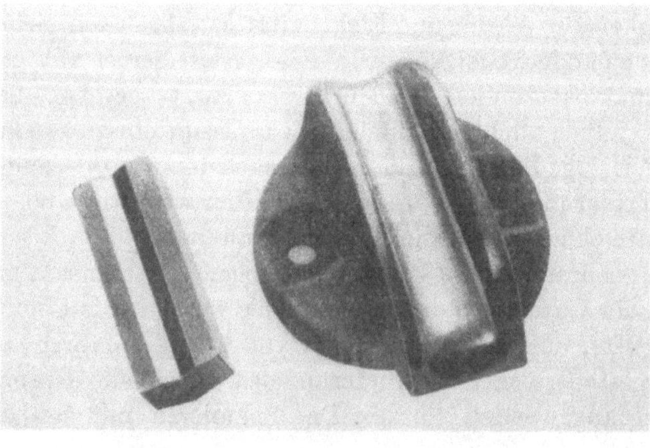

Abb. 19
Stromabnehmer für Oberleitungsomnibus

Maschinenbaubetrieben, die ein günstiges Ergebnis erwarten lassen. Als metallische Komponente hat sich hier Nickelbronze als vorteilhaft erwiesen.

Im Zusammenhang mit den Gleitkörpern sind auch die Kolbenringe von Verbrennungsmotoren zu erwähnen, die bisher aus Grauguß besonderer Qualität hergestellt wurden. Vorschläge, den Grauguß durch Sintereisen, das Graphit enthält, zu ersetzen, liegen in Deutschland schon seit längerer Zeit vor, und es wurden auch wiederholt Ansätze gemacht, wenigstens eine Versuchsfertigung für Kolbenringe dieser Art bei uns einzurichten. Leider ist dies bisher unterblieben, obwohl durch ausführliche Arbeiten am Versuchstand der Technischen Hochschule Dresden die Brauchbarkeit der gesinterten Kolbenringe erwiesen ist. Im Ausland war man wagemutiger, und aus Veröffentlichungen ist zu entnehmen, daß in der Tschechoslowakei und in der Sowjetunion bereits die Fertigung von gesinterten Kolbenringen seit mehreren Jahren angelaufen ist. In einer Industrieausstellung der Stadt Schanghai wurden vor kurzem gesinterte Kolbenringe auf Eisen–Graphit-Basis gezeigt, die in China hergestellt worden sind. Man sollte also auch bei uns ernstlicher an die Einführung der gesinterten Kolbenringe denken, als dies bisher der Fall war.

Eine neue Art der Verbundgleitlager ist gegeben, wenn man einen porigen metallischen Werkstoff, der die erforderliche Festigkeit liefert, mit einem Kunststoff tränkt, der einen außerordentlich niedrigen Reibbeiwert besitzt. Ein solcher Kunststoff ist das Polytetrafluoräthylen. Lager dieser Art werden seit etwa 5 Jahren in Amerika und in England erzeugt, und bei uns sind Versuche damit seit etwa 2 Jahren im Gange. Es handelt sich dabei um Gleitkörper insbesondere für Trockenlauf, bei dem der niedrige Reibbeiwert der genannten Fluor–Kohlenstoff-Verbindung maßgebend ist. Er beträgt bei Trockenreibung gegen Stahl im Mittel 0,02. Unter Öl ist der Reibbeiwert sogar nur 0,002. Das Polytetrafluoräthylen ist gegen fast alle bekannten Chemikalien widerstandsfähig und hat einen Erweichungspunkt von 327° C. Da es sich in keinem der üblichen Lösungsmittel löst, ist das Imprägnieren der Gleitfläche eines porigen Sinterkörpers nur so möglich, daß man entweder den über den Erweichungspunkt erhitzten Kunststoff in die Poren einpreßt oder daß man eine Dispersion des Kunststoffes in Wasser herstellt und durch mehrmaliges Tränken mit anschließendem Verdampfen des Wassers den Kunststoff in den Poren anreichert. Danach erhitzt man über den Erweichungspunkt des Polytetrafluoräthylens, um die eingelagerten Teilchen zu vereinigen. Beide Wege werden in der Praxis beschritten. Nach einem amerikanischen Verfahren ist eine weitere Verbesserung noch so möglich, daß man an der Gleitfläche zuvor eine Zwischenschicht von poriger Bleibronze aufbringt.

Metallische Filterwerkstoffe

Von der Porigkeit pulvermetallurgischer Werkstoffe war bereits mehrmals die Rede. Nach der Porigkeit kann man 4 Gruppen unter den pulvermetallurgisch hergestellten Werkstoffen unterscheiden. Aus nahezu porenfreien werden Werkstücke mit höheren Festigkeiten erhalten. Die porenarmen, die 5 bis 10% Porenraum aufweisen, werden für mechanisch weniger beanspruchte Maschinenteile verwendet. Dann kommt die Gruppe mit 10 bis 30% Porenraum, zu denen die selbstschmierenden Gleitlager gehören, und schließlich gibt es eine Gruppe mit hoher Porigkeit, die sich um 50% bewegt. Dazu zählen die Metallfilter, auf die nun eingegangen werden soll, da sie in den letzten Jahren immer mehr an Bedeutung erlangt haben. Sie konnten wegen ihrer Festigkeitseigenschaften und guten chemischen Beständigkeit andere Werkstoffe, die bisher für Filter verwendet wurden, in zahlreichen Fällen verdrängen. Tabelle 9 soll einen Überblick geben über die für Filter grundsätzlich in Betracht kommenden Werkstoffarten.

Tabelle 9. Werkstoffe für Filter

Papier	Oxydkeramik
Textil	Gesinterte Metallpulver
Kunststoffe	Gesinterte Metallfasern
Silikatkeramik	

Um eine gute Filterwirkung zu erreichen, müssen Pulver verwendet werden, deren Teilchen in der Größe nicht zu sehr voneinander abweichen und möglichst Kugelgestalt haben. Nicht immer sind diese Ausgangsbedingungen zu verwirklichen. Die meisten der heute hergestellten Metallfilter werden aus Bronze, Neusilber oder austenitischem Chrom–Nickel-Stahlpulver erzeugt. Zur Pulvergewinnung kommen mechanische Verfahren in Frage, z. B. die Zerkleinerung von Draht und Abrunden der erhaltenen Teilchen in einer Spezialmühle, dann das Zerstäubungsverfahren und schließlich auch chemische Verfahren, die auf interkristallinem Kornzerfall beruhen. Das letztgenannte Verfahren ist aber nur bei der Herstellung von austenitischem Chrom–Nickel-Stahlpulver anwendbar.

In Abb. 20a und b sind zwei Pulverproben auf Bronzebasis mit unterschiedlicher Korngestalt wiedergegeben. Das eine wurde aus einer üblichen Schmelze erhalten, die mit Luft zerstäubt wurde, das andere Pulver stammt aus einer Schmelze, die man vor dem Zerstäuben mit Phosphor desoxydiert hatte. Dadurch wurde die Oberflächenspannung erhöht, und die Folge davon war, daß sich kugelige Teilchen bildeten.

Zur Verarbeitung des Pulvers auf die gewünschten Filterformen kommen drei Verfahren in Betracht. Bei dem einen Verfahren schüttet man das Pulver in Formen und sintert dann bei Temperaturen, die dem Werkstoff angepaßt sind. Bei dem zweiten Verfahren, insbesondere für einfache Körper, wie Platten, wird das Pulver gepreßt, und schließlich gibt es zur Herstellung verwickelter Formen noch das Schlickergießverfahren, bei dem das Metallpulver unter Zugabe von plastifizierenden Stoffen zu einer Masse angerührt wird, die sich vergießen läßt. In jedem Fall ist ein Sinterprozeß notwendig, um die erforderliche Festigkeit zu erhalten. Von den verlangten Eigenschaften interessiert insbesondere die Durchlässigkeit für Gase und Flüssigkeiten, wofür geeignete Prüfverfahren ausgearbeitet wurden.

Die Verwendung der metallischen Filter ist überaus vielseitig. Es seien hier nur wenige kennzeichnende Beispiele angeführt. Dazu gehören das Ab-

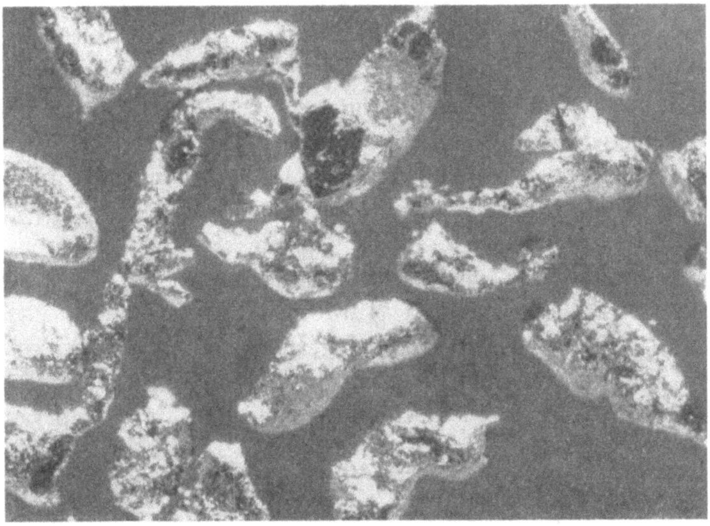

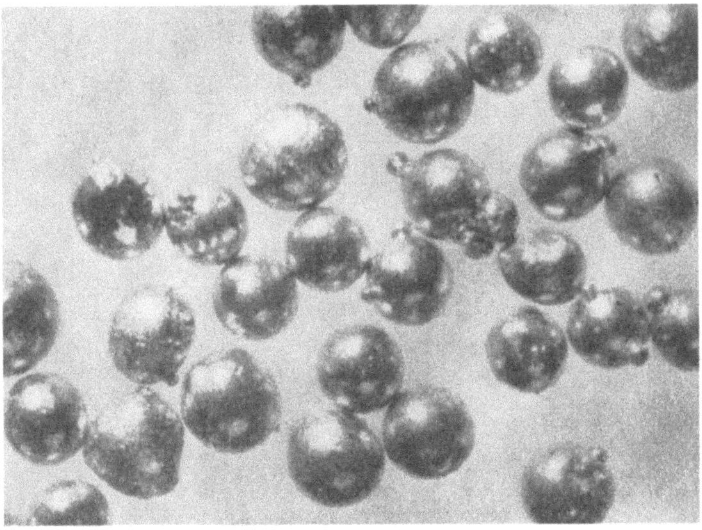

Abb. 20a und b. Einfluß der Zusammensetzung auf die Kornform von verdüstem Pulver aus SnBz 10
a) ohne P-Zusatz, b) mit P-Zusatz; Abbildungsmaßstab 15 : 1

scheiden von festen Stoffen aus ihren Dispersionen in Flüssigkeiten und in Gasen, das Trennen der Bestandteile von Emulsionen, das pneumatische Fördern von staubförmigen Schüttgütern, das Begasen von Flüssigkeiten, die Beschleunigung chemischer Prozesse, die Verwendung als Boden in Wirbelschichtanlagen, als Ausgleichsorgan für den Gasdruck und als Flammensperren, um eine explosionsartig angelaufene Stoßwelle aufzufangen. Die Herstellung solcher Filter ist in der DDR erst vor wenigen Monaten angelaufen. Dabei zeigte es sich, daß die Nachfrage von seiten unserer Industrie außerordentlich rege ist. Abb. 21 bringt einige Beispiele dafür, welche Filterformen bei uns bereits hergestellt worden sind.

Im Anschluß an die Filterherstellung soll noch auf einen neuen Zweig der Metallurgie hingewiesen werden, der ebenfalls die Herstellung von Sonderwerkstoffen für den Maschinenbau ermöglicht. Das ist die Fasermetallurgie, die sich ähnlicher Methoden bedient, wie sie in der Papiertechnik angewendet werden. Um zu einem fasermetallurgischen Werkstoff zu gelangen, sind drei Arbeitsstufen erforderlich: die Herstellung der Metallfasern, die Formgebung und schließlich die Wärmebehandlung durch Sintern. Es sind dies grundsätzlich die gleichen Stufen, wie sie die Pulvermetallurgie kennt. Ebenso mannigfaltig wie die Metallpulverherstellung ist auch die Metallfasergewinnung. Tabelle 10 gibt eine Übersicht über die in Betracht zu ziehenden Methoden. Welches Ver-

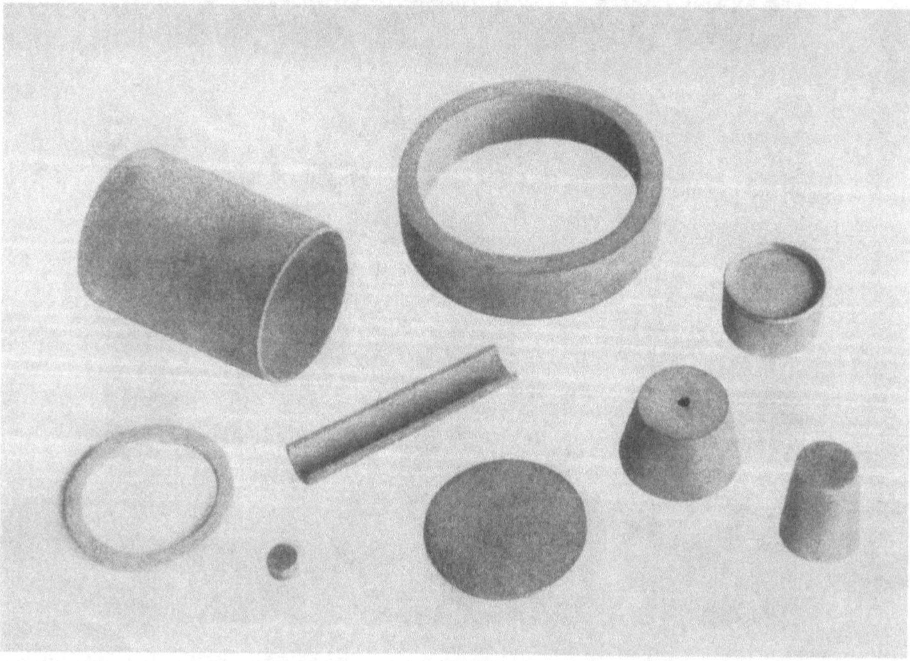

Abb. 21. Filterelemente aus gesintertem Metallpulver

Tabelle 10. Gewinnung von Metallfasern

1. *Mechanische Verfahren:*

a) Aus festen Stoffen:	Gezogene Drähte Späne durch Schaben oder Kratzen Drehspäne Schneiden schmaler Streifen aus Folien
b) Aus Schmelzen:	Verspritzen von Schmelzen Vergießen auf rasch drehende Scheibe Verspinnen

2. *Chemische und physikalische Verfahren:*
   Reduktion von Fäden aus Emulsionen von Oxyden oder Salzen
   Ätzen von Drähten auf dünne Querschnitte
   Sintern von Fäden aus Pulverdispersionen
   Kondensation von Metalldämpfen
   Faserige Niederschläge bei Elektrolyse

fahren in einem speziellen Fall anzuwenden ist, hängt von der Eigenart des Werkstoffes und von der angestrebten Faserform ab. Grundsätzlich kommen alle Metalle von den niedrig schmelzenden bis zu den höchstschmelzenden in Betracht. Aus den Veröffentlichungen des Auslandes geht hervor, daß insbesondere Kupferwerkstoffe, Stahl, vor allem der korrosionsbeständige, und Molybdän als hochschmelzendes Metall bereits größere Anwendung in der Fasermetallurgie gefunden haben. Was die Verwendung der Metallfasern anbelangt, so möge darüber die Tabelle 11 unterrichten, die eine Zusammenstellung der bekanntesten Erzeugnisse aus Metallfasern beinhaltet. Die Verwendung selbst hängt stark von dem Raumerfüllungsgrad ab. Man kann durch Metallfasern Werkstoffe erzeugen, in denen nur 3% feste Substanz enthalten

Tabelle 11. Anwendungsgebiete von Metallfasern

Verfilzt und gesintert:
Filter, Verteiler, Katalysatoren, Körper zur Dämpfung mechanischer und akustischer Schwingungen, Akkumulatorenplatten

Verfilzt, gesintert, nachverdichtet und nachgesintert:
Flammensperren, Schwitzkühlung, Enteisungsbeläge, selbstschmierende Gleitlager

Verfilzt, gesintert (gegebenenfalls nachverdichtet und nachgesintert) und imprägniert:
Gleit- oder Reibwerkstoffe,
Verbundwerkstoffe mit besonderen Eigenschaften

Zur Verstärkung von weichen Metallen, organischen Stoffen (Papier, Textilien, Kunstfaser) und keramischen Stoffen:
Verbundwerkstoffe mit verbesserten mechanischen, thermischen, elektrischen oder chemischen Eigenschaften

Als gebündelte Faser:
Als Garn oder Litze und für Sonderzwecke

ist. Man kann aber auch Werkstoffe herstellen, die keine Poren mehr aufweisen. Ein bevorzugter Anwendungszweck wird die Verwendung als Filterwerkstoff sein oder als Katalysator bei chemischen Prozessen. Man denkt aber auch bereits daran, Werkstoffe mit richtungsabhängigen Eigenschaften auf diese Weise zu gewinnen. Schließlich können Metallfasern auch noch zur Verstärkung anderer Werkstoffe dienen, deren Eigenschaften für einen bestimmten Zweck allein nicht ausreichen. Als Grundwerkstoff können z. B. niedrig schmelzende Metalle mit hohem Leitvermögen für Wärme und Elektrizität verwendet werden, die aber für sich allein zu weich sind, oder Keramik, deren Sprödigkeit durch die Metallfasern herabgesetzt werden soll, oder auch organische Stoffe, denen die Metallfaserverstärkung sowohl zur Erhöhung der Festigkeit als auch zur Verbesserung des Wärmeleitvermögens dient. Grundsätzlich ist die Fasermetallurgie seit langem bekannt, und F. SKAUPY, der zu den Vorkämpfern der Pulvermetallurgie in Deutschland zählt, hat bereits vor vielen Jahren in seinem Buch „Metallkeramik“ auch die Fasermetallurgie erwähnt. Praktische Bedeutung aber hat sie wohl erst seit etwa 5 Jahren erlangt, als in amerikanischen Veröffentlichungen ausführlich darüber berichtet wurde und zahlreiche Beispiele für die Herstellung und Anwendung fasermetallurgisch erzeugter Werkstücke gegeben wurden. Arbeiten über Fasermetallurgie sind auch bei uns vor einiger Zeit aufgenommen worden und nehmen einen günstigen Verlauf, so daß, wenn unsere Industrie dafür das nötige Verständnis aufbringt, in nicht zu ferner Zeit die praktische Anwendung möglich sein wird.

Ich habe versucht, Ihnen über einige Sonderwerkstoffe des Maschinenbaus zu berichten. Es können dies nur Hinweise sein, aber ich glaube, daß auch daraus verschiedene Anregungen möglich sein müßten. Vor allem liegt mir sehr daran, soweit diese Konferenz auf die industrielle Einführung und Anwendung neuer Werkstoffe Einfluß nimmt, die Bitte vorzutragen, daß in den zuständigen Bereichen eine stärkere Nutzung der erzielten Ergebnisse herbeigeführt wird als bisher, denn auch auf dem Gebiet der Sondermetallurgie gibt es zahlreiche Fälle, wo mit Erfolg abgeschlossene Arbeiten vorliegen, ohne daß man sie verwertet. Das ist nicht nur ein Schaden für unsere Industrie, sondern es beeinträchtigt auch die Arbeitsfreudigkeit der Wissenschaftler, die jahrelang ihre ganze Kraft der Entwicklung eines bestimmten Werkstoffes gewidmet haben.

Literatur

[1] MARTIN, O., Konstruktion **11** (1959) 6, 213—221.
[2] THUM, A., u. RICHARD, K., Schweizer Arch. **19** (1953) 235—245.
[3] STERNKOPF, J., Wiss. Z. Tech. Hochsch. Dresden **9** (1959/60) 1207—1210.
[4] CHEVENARD, P., C. R. hebd. Séances Acad. Sci. **189** (1929) 846—849.
[5] BROWN, C. M., u. FOUNTAIN, R. W., Metals **10** (1958) 330—334.
[6] SANDOZ, G., J. Metals **12** (1960) 4, 340.

Dr. Hans-Günther Rassmann

Stellvertretender Direktor des Forschungsinstituts für metallische Spezialwerkstoffe der Deutschen Akademie der Wissenschaften zu Berlin
Leiter der Hauptabteilung Werkstoffe mit besonderen physikalischen Eigenschaften

METALLISCHE MAGNETISCHE WERKSTOFFE

Von den in der Elektrotechnik verwendeten metallischen Werkstoffen sind die Magnetwerkstoffe für die Verbesserung oder Verkleinerung der damit ausgerüsteten Bauelemente und Geräte von besonderer Bedeutung, und oftmals ist die Erschließung neuer Gebiete nur durch die Entwicklung von Werkstoffen mit besonderen Eigenschaften möglich.

In einem Beitrag zum 9. Plenum des ZK der SED hat Prof. Dr. Rompe deshalb mit Recht darauf hingewiesen, daß bei dem Aufbau einer modernen Elektrotechnik mit Vorlauf die Entwicklung hochwertiger Sonderwerkstoffe betrieben werden muß. Es sollen deshalb die Entwicklungstendenzen auf dem Gebiet der metallischen Magnetwerkstoffe beschrieben werden sowie eine Beurteilung von Entwicklung und Fertigung in der DDR gegeben werden. Notwendigerweise erfordert diese umfangreiche Aufgabe eine Beschränkung auf einige Hauptpunkte. Sie besteht bei den folgenden Darlegungen darin, daß wesentlich nur der Zusammenhang zwischen Werkstoffeigenschaften, Strukturzustand und Technologie behandelt wird, während auf die Beeinflussung der Eigenschaften durch Temperatur, Abmessung und Frequenz nicht eingegangen wird.

Eigenschaften magnetischer Werkstoffe

Die Hystereseschleife gibt die magnetischen Eigenschaften eines Werkstoffes wieder. Sie ist abhängig vom Werkstoffzustand, von der Temperatur, den Abmessungen und den Magnetisierungsbedingungen. Werden die drei letztgenannten Faktoren konstant gehalten, so ist der Einfluß des Werkstoffzustandes bzw. seiner technologischen Beeinflussung auf die Hystereseschleife bestimmbar. Abb. 1 zeigt die wesentlichsten Formen der Hystereseschleife, die technische Bedeutung besitzen. Als Bestimmungsstücke für die Hystereseschleife sind danach die Sättigungsinduktion, die Remanenz und die Koerzitivfeldstärke von ausschlaggebender Bedeutung.

Werkstoffe mit isotropen magnetischen Eigenschaften haben eine Remanenz von 0,5 bis 0,7 der Sättigungsmagnetisierung. Sie kann andere Werte annehmen, wenn die Vorzugsrichtung der spontanen Magnetisierung, d. h. die Ruhelage bei Abwesenheit eines äußeren Feldes im gesamten Werkstoff in der

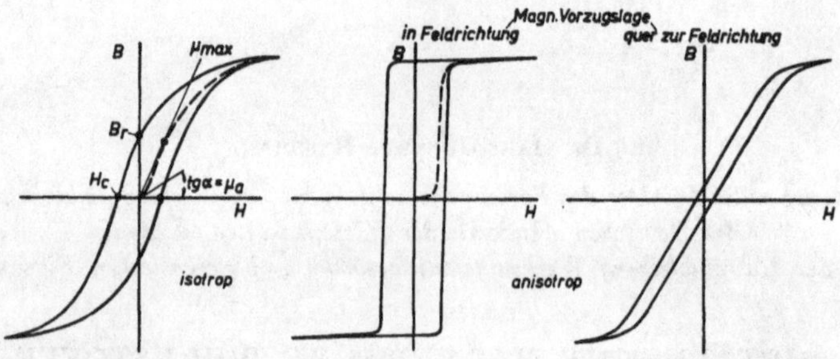

Abb. 1. Hystereseschleifenform und Variationsbereich der ferromagnetischen Kenngrößen

Koerzitivfeldstärke:	$H_c = 0{,}004 - 4000$ A/cm
Anfangspermeabilität:	$\mu_a = 10 - 200000$
Maximalpermeabilität:	$\mu_a = 10^2 - 3 \cdot 10^6$
Sättigungspolarisation:	$J_s = 0{,}2 - 2{,}4$ Vs/m²
Remanenz:	$B_r = 0{,}1 - 2{,}2$ Vs/m²
Ummagnetisierungsverluste:	$V = 0{,}2 - 3{,}6$ W/kg
Energiedichte:	$(BH)_{\max} = (0{,}1 - 10) \cdot 10^{+4}$ W · s/m³

gleichen Richtung liegt. Bei Magnetisierung in dieser Vorzugsrichtung wird die Remanenz gleich der Sättigungsmagnetisierung und bei Magnetisierung senkrecht dazu gleich Null. Ein solcher Werkstoff besitzt daher richtungsabhängige magnetische Eigenschaften und wird als anisotrop bezeichnet, im Gegensatz zu isotropen Werkstoffen mit richtungsunabhängigen magnetischen Eigenschaften.

Betrachtet man an den zur Zeit bekannten magnetischen Werkstoffen die Grenzwerte von Koerzitivfeldstärke, Remanenz, Permeabilität, Sättigungsmagnetisierung und Energiedichte (Zusammenstellung siehe Abb. 1), so zeigen Koerzitivfeldstärke und Maximalpermeabilität eine Erstreckung über den Bereich von 0,004 bis 4000 A/cm bzw. von 10^2 bis $3 \cdot 10^6$. Die Sättigungsmagnetisierung liegt im viel engeren Bereich zwischen 0,2 bis 2,4 Vs/m². Die Ursache dieses Verhaltens ist darin zu suchen, daß die Sättigungsmagnetisierung überwiegend von der Zusammensetzung des Werkstoffes, die Koerzitivfeldstärke dagegen wesentlich durch den Werkstoffzustand bestimmt wird. In Abb. 2 ist für einige der gebräuchlichsten Magnetwerkstoffe der Zusammenhang zwischen Maximalpermeabilität und Koerzitivfeldstärke aufgetragen. Es ergibt sich eine lineare Beziehung; dabei gilt etwa $\mu_{\max} = {}_BH_c \cdot 10^4$. Auf dieser Geraden zeichnen sich zwei Gruppen von Werkstoffen ab, die eine besitzt eine Koerzitivfeldstärke ${}_BH_c < 5$ A/cm und $\mu_{\max} > 5 \cdot 10^3$, die andere ${}_BH_c > 50$ A/cm und $\mu_{\max} < 500$. Die erste Gruppe mit hoher Permeabilität und kleiner Koerzitivfeldstärke umfaßt die weichmagnetischen Werkstoffe. Sie werden fast immer zur Verstärkung des Flusses einer wechselstromdurchflossenen Spule eingesetzt, und es besteht daher grundsätzlich die Forderung nach einem hohen Verstärkungsfaktor, d. h. hoher Permeabilität. Die zweite

Gruppe Werkstoffe umfaßt die durch hohe Koerzitivfeldstärke ${}_BH_c$ ausgezeichneten hartmagnetischen oder Dauermagnetwerkstoffe. Ihre Aufgabe besteht darin, in einem magnetischen Kreis einen magnetischen Fluß ohne Energiezufuhr aufrecht zu erhalten. Dabei kann eine bestimmte Luftspaltenergie mit um so geringerem Werkstoffaufwand aufrecht erhalten werden, je größer die Energiedichte $(BH)_{\max}$ wird. Dies bedeutet, daß bei hartmagnetischen Werkstoffen in erster Linie Koerzitivfeldstärke und Remanenz hoch sein sollen. Der Zusammenhang der magnetischen Eigenschaften dieser beiden Werkstoffgruppen und ihrer Struktur besteht darin, daß weichmagnetische Werkstoffe ausnahmslos homogene einphasige Legierungen und hartmagnetische Werkstoffe heterogene mehrphasige Legierungen sind. Da von den magnetischen Eigenschaften insbesondere die Koerzitivfeldstärke und Permeabilität durch die Art des Magnetisierungsvorganges bestimmt werden, kann geschlossen werden, daß dieser in homogenen bzw. heterogenen Legierungen sehr unterschiedlich verlaufen kann. Dies wird durch Abb. 3 näher erläutert. Sie zeigt die Elementarbezirksanordnung in einem homogenen bzw. einem heterogenen Werkstoff. Im homogenen Werkstoff sind die einzelnen Elementar-

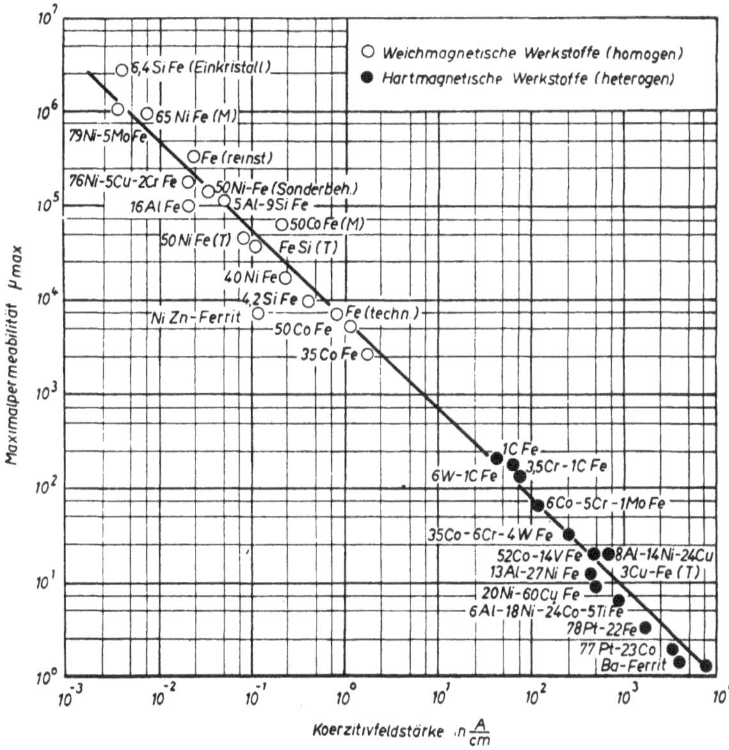

Abb. 2. Zusammenhang zwischen Koerzitivfeldstärke H_c und Maximalpermeabilität $\mu_{\max}$ für ferromagnetische Werkstoffe

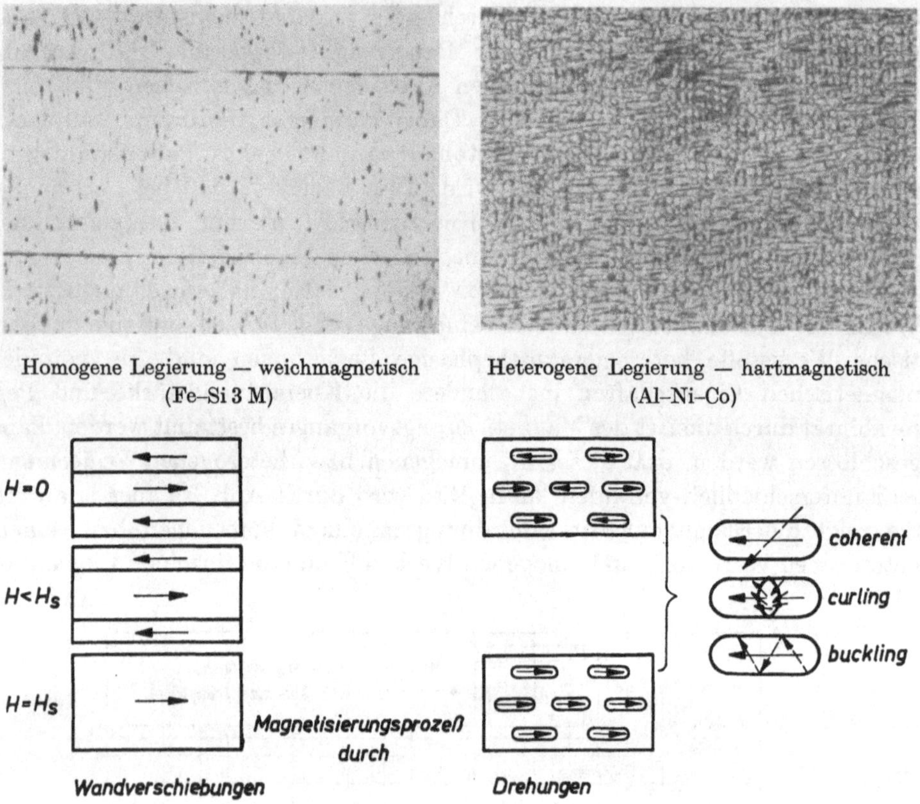

Abb. 3. Gefüge und Magnetisierungsprozeß bei anisotropen weichmagnetischen und hartmagnetischen Werkstoffen

bereiche durch Blochwände getrennt, deren Lage sich bei Einwirken eines äußeren Feldes durch den Prozeß der Wandverschiebung ändert. Ein heterogener Werkstoff besteht im Grenzfall aus einem unmagnetischen Grundgefüge, in das eine zweite Phase in Form ferromagnetischer Einzelbereichsteilchen eingelagert ist. Wird ein solcher Werkstoff magnetisiert, so kann sich der Magnetisierungsprozeß nur durch Drehung der spontanen Magnetisierung in den Einzelbereichsteilchen vollziehen. Damit diese nicht durch Blochwände unterteilt werden, muß aus energetischen Gründen ihre Abmessung etwa 100 bis 1000 Å betragen.

Damit ergibt sich eine eindeutige Zuordnung: weichmagnetisch = homogen und hartmagnetisch = heterogen. Es erscheint daher zweckmäßig, bei der weiteren Behandlung des Zusammenhangs zwischen Werkstoffzustand und Eigenschaften diese beiden Gruppen getrennt zu betrachten.

Weichmagnetische Werkstoffe

Die Kennzeichnung weichmagnetischer Werkstoffe ist durch Sättigungsmagnetisierung, Remanenz, Koerzitivfeldstärke bzw. Maximalpermeabilität und Anfangspermeabilität gegeben. Der Zusammenhang dieser Eigenschaften mit dem Werkstoffzustand einerseits sowie Technologie und Werkstoffzustand andererseits ist in Tabelle 1 angegeben. Danach ist die Sättigungsmagnetisierung in erster Linie durch die Zusammensetzung, d. h. Art und Menge der Komponenten der Legierung bestimmt. Da in ferromagnetischen Legierungen die magnetischen Momente der Einzelatome parallele oder antiparallele Einstellung, je nach den Nachbarschaftsverhältnissen der Komponenten, haben können, bedeutet dies, daß der Ordnungszustand einer Legierung einen Einfluß auf die Sättigungsmagnetisierung besitzen kann.

Die Remanenz kann bestenfalls gleich der Sättigungsmagnetisierung werden, dann ist sie in gleicher Weise vom Werkstoffzustand abhängig wie diese. Da

Tabelle 1. Zusammenhang zwischen Eigenschaft, Werkstoffzustand und Technologie
Weichmagnetische (homogene) Werkstoffe

Eigenschaft	Werkstoffzustand	Technologie
Sättigung	Zusammensetzung: (Art, Menge, Komponenten) Ordnung: (Anordnung der Komponenten im gemeinsamen Gitter) Temperatur	Legieren, Schmelzen, Art der Ausgangsstoffe; Art des Schmelzens; z. B. offen, Vakuum, tiegellos
Remanenz	wie Sättigung; dazu Orientierung der magnetischen Vorzugslagen zur Richtung des magnetisierenden Feldes $J_R = J_s \cdot \cos\alpha$	wie Sättigung; dazu Erzeug. von magn. Vorzugslagen durch Kristallorientierung (Rekristallisationstextur) Verformung induziert (Walzen, Ziehen) Magnetfeld induziert (Magnetfeldabkühlung)
Koerzitivfeldstärke (Maximalpermeabilität) $\mu_{\max} \sim 1/H_c$	wie Sättigung und Remanenz; dazu heterogene Verunreinigungen (Art, Menge, Form, Abmessung)	wie Sättigung und Remanenz; dazu Wärmebehandlung (Zeit, Temperatur, Atmosphäre)
Anfangspermeabilität	innere Spannungen (Verteilung, Amplitude, Wellenlänge) sonstige Kristallbaufehler (Fremdatome, Leerstellen, Versetzungen)	als Reinigungs-Glühung, als Spannungsfrei-Glühung, zur Einstellung oder Unterdrückung von Atomordnungen

sie außerdem von der Orientierung der magnetischen Vorzugslagen zur Richtung des magnetisierenden Feldes abhängig ist, gilt $J_R = J_s \cdot \cos \alpha$. Für einen isotropen Werkstoff mit völlig regelloser Orientierung der magnetischen Vorzugslagen der vorhandenen Elementarbereiche wird daher $J_R = 0{,}5 \cdot J_s$. Eine Erhöhung der Remanenz tritt ein, je mehr die magnetischen Vorzugslagen der einzelnen Elementarbereiche mit der Richtung des äußeren magnetisierenden Feldes übereinstimmen. Die technologischen Möglichkeiten, dies zu bewirken, sind unterschiedlich. Da in Einkristallen aus Fe z. B. die Würfelkante und in Ni die Raumdiagonale magnetische Vorzugslage ist, kann in polykristallinen Werkstoffen mit entsprechender Textur ein Werkstoff mit kristallographisch bedingter Vorzugslage erhalten werden. Die Bildung orientierungsbedingter Überstrukturen, wie sie beim Walzen oder bei der Magnetfeldbehandlung bestimmter Legierungen auftreten, ist eine weitere Möglichkeit zur Schaffung von Werkstoffen mit magnetischer Vorzugslage und anisotropen Eigenschaften.

Die Koerzitivfeldstärke kann näherungsweise als Startfeldstärke der irreversiblen 180°-Wandverschiebung aufgefaßt werden. Ihre Größe hängt einmal davon ab, wie stark Kristallenergie und Spannungsenergie die spontane Magnetisierung in ihrer Ruhelage festhalten, und zum anderen, welche Energie die Bewegung der Blochwand durch den Werkstoff erfordert. Hierbei spielen Hindernisse, wie Verunreinigungen und Spannungen, eine besondere Rolle. Die Koerzitivfeldstärke ist daher ähnlich wie Sättigung und Remanenz sowohl von der Zusammensetzung des Werkstoffes, aber auch in besonders starkem Maß von Art, Menge, Form und Abmessungen der heterogenen Verunreinigungen, von der Verteilung, der Amplitude und Wellenlänge der inneren Spannungen und sonstigen Kristallbaufehlern, wie Fremdatomen, Leerstellen oder Versetzungen abhängig. Die Anfangspermeabilität wird in ähnlicher Weise wie die Koerzitivfeldstärke vom Werkstoffzustand beeinflußt. Bei den technologischen Maßnahmen zur Herabsetzung der Koerzitivfeldstärke besitzt daher die Wärmebehandlung starke Bedeutung. Sie kann als Reinigungsglühung zur Entfernung von Verunreinigungen, als Spannungsfrei-Glühung zur Beseitigung von Spannungen und zur Einstellung oder Unterdrückung von Ordnungsvorgängen angewendet werden.

Bei jeder Betrachtung des Zusammenhangs zwischen Technologie und Werkstoffzustand muß beachtet werden, daß die Wirkung einer technologischen Maßnahme (z. B. Verformung) stark vom Ausgangszustand des Werkstoffes bedingt sein kann. Dies bedeutet, daß ohne eine vollständige Beschreibung des Werkstoffausgangszustandes keine sichere Aussage über die Wirkung einer technologischen Maßnahme auf die eintretende Werkstoffveränderung gemacht werden kann. Dies kann eine erhebliche Schwierigkeit bei der Aufstellung möglichst allgemein gültiger Technologien bedeuten. Bei dem heutigen Stand der metallkundlichen und metallphysikalischen Kenntnisse ist es nicht möglich, eine solche vollständige Beschreibung zu geben. Andererseits bedeutet dies auch eine Erweiterung der Möglichkeiten, Werkstoffe mit neuen Eigenschaften zu schaffen, da oft geringe Änderungen des Ausgangszustandes eine völlig andere Wirkung der gleichen technologischen Maßnahme hervorrufen.

Tabelle 2 gibt eine Übersicht über die Legierungssysteme, die technisch wichtige Werkstoffe enthalten. Die ferromagnetischen Metalle Fe, Ni und Co geben alle die Basis technischer Werkstoffe ab. Als Legierungselemente kommen bei den Werkstoffen auf Fe-Basis besonders Ni und Co und als nichtmagnetische

Tabelle 2. Übersicht über Legierungssysteme weichmagnetischer Werkstoffe

Metalle

Fe | Ni | Co

Legierungen
homogene Mischkristalle
Al; Si; Cu; Cr; Mo; Mn

Fe–Co	Fe–Si	Fe–Al	Fe–Ni
35–50% Co	0,6–4,3% Si	12–16% Al	30 Ni: Leg. mit bes. Temperaturabhängigkeit
höchste magn. Sättigung,	hohe Induktion,	große Permeabilität,	36 Ni: Flacher Permeabilitätsanstieg
	geringe Ummagnetrisierungsverluste (Trafobleche),	Magnetostriktion,	50 Ni: Hohe Sättigung, Rechteckschleifen d. Textur
Rechteckschleifen durch Magnetfeldabkühlung,		spez. Widerstand	65 Ni: Große Spannungsempfindlichk. Rechteckschl. d. Magnetfeldabkühlung
	magn. günstige Texturen,	mechan. Härte	
Verbesserung der Verformbarkeit durch V-Zusatz	Verschlechterung mechan. Eigenschaften durch Si-Zusatz	besondere Verformungstechnologie	76 Ni: Höchste Permeabilität m. Zusätzen an Cu, Mo

Fe–Si–Al
Gute weichmagn. Eigenschaften
Nicht verformbar

Zusätze Al, Si und V in Betracht. Legierungen auf Ni-Basis enthalten neben Fe meist Zusätze an Cu, Cr und Mo. Die wichtigsten Legierungen sind meist schon viele Jahre bekannt. Ihre Zusammensetzung und die hauptsächlichsten Eigenschaften sind ebenfalls der Tabelle zu entnehmen. Die Entwicklung der letzten Jahre hat dennoch eine erhebliche Steigerung der Eigenschaften gebracht. Durch Verbesserung des Reinheitsgrades konnte die Koerzitivfeldstärke gesenkt und die Permeabilität erhöht werden. Durch Anwendung von Rekristallisationstexturen wurden Werkstoffe mit einer Vorzugslage der Eigenschaften geschaffen.

Für die Starkstromtechnik sind Fe–Si-Legierungen die wichtigsten Werkstoffe. Die Jahreserzeugung an Elektroblechen für den Dynamo- und Transformatorenbau liegt bei etwa 1 Million Tonnen.

Das System Fe–Ni zeigt zwischen 30 und 80% Ni eine besondere Vielfalt der magnetischen Eigenschaften. Als besondere Gruppen heben sich Legierungen mit etwa 30% Ni heraus, die als temperaturkompensierende Werkstoffe Anwendung finden. Legierungen mit 36—40% Ni als Übertragerwerkstoffe mit flachem Permeabilitätsanstieg, Legierungen mit 50—65% Ni als Werkstoffe mit hoher Sättigung und Rechteckschleife und mit 76—80% Ni bei weiteren Zusätzen an Cu, Mo und Cr als Werkstoff höchster Permeabilität.

Fe–Co-Legierungen mit 35—50% Co haben die höchste Sättigungsmagnetisierung aller bekannten magnetischen Werkstoffe, ihre schlechten technologischen Eigenschaften und die relativ hohe Koerzitivfeldstärke lassen eine Weiterentwicklung besonders notwendig erscheinen.

Fe–Al-Legierungen mit 12—16% Al sind von Bedeutung, wenn gute weichmagnetische Eigenschaften zugleich mit hoher mechanischer Verschleißfestigkeit gefordert werden. Die schwierige Technologie dieser Werkstoffgruppe schränkt den Anwendungsbereich leider erheblich ein.

Die Erfüllung der beiden Hauptforderungen an weichmagnetische Werkstoffe, geringe Koerzitivfeldstärke und hohe Sättigungsmagnetisierung durch die verschiedenen Werkstoffgruppen ist in Abb. 4 gezeigt. Dabei ist bemerkenswert, daß Werkstoffe mit hoher Sättigungsmagnetisierung leider stets hohe Koerzitivfeldstärke aufweisen und umgekehrt. Eine der Ursachen dieses Verhaltens ist darin zu suchen, daß die Verunreinigungsempfindlichkeit einer Legierung mit ihrer Kristallenergie ansteigt, d. h. bei gleichem Anteil heterogener Verunreinigungen wird die Koerzitivfeldstärke der Legierungen mit hoher Kristallenergie stärker heraufgesetzt. Nun besitzen die Werkstoffe mit hoher Sättigungsmagnetisierung auf Fe-Basis eine relativ große Kristallenergie, eine Senkung ihrer Koerzitivfeldstärke gelingt daher nur durch Herabsetzen des Anteils heterogener Verunreinigungen bzw. ihre Überführung in eine unschädliche Form. Inwieweit das in Laborentwicklungen bereits gelungen ist, zeigen die in Abb. 4 aufgenommenen Angaben für FMS CoFe 50/50 (zonengeschmolzen) und 6 SiFe-Einkristalle. Mit der zunehmenden Verfeine-

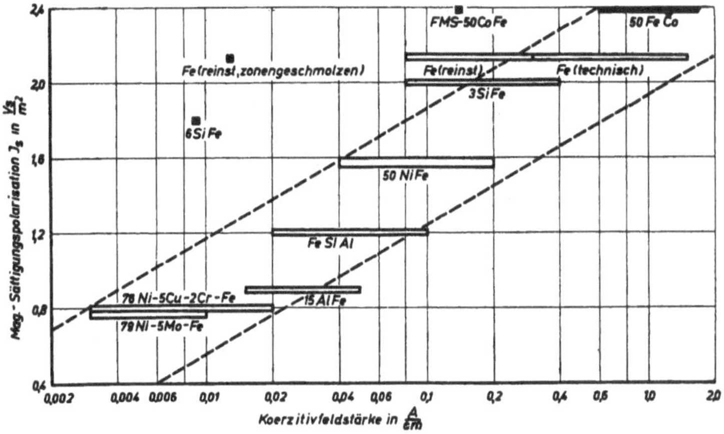

Abb. 4. Zusammenhang zwischen Sättigungspolarisation J_s und Koerzitivfeldstärke H_c

rung der technologischen Möglichkeiten ist daher eine Verbesserung der magnetischen Eigenschaften der Legierungen mit hoher Sättigungsmagnetisierung zu erwarten.

An einigen Beispielen soll nun ein Einblick in die Möglichkeiten der Anwendung metallphysikalischer Erkenntnisse für die Weiterentwicklung magnetischer Werkstoffe gegeben werden.

Fe–Si-Legierungen

Seit etwa 50 Jahren sind Fe–Si-Bleche mit 3—4% Si als Transformatorenbleche in Anwendung. Abb. 7 zeigt die Magnetisierungskurven für unterschiedlich hergestellte Werkstoffe. Die Forderung der Elektrotechnik geht dahin, daß bei möglichst geringer Feldstärke eine hohe Magnetisierung erreicht wird. Sie wird nach oben durch die Sättigungsmagnetisierung begrenzt, die für Fe mit 3% Si bei etwa 2,0 Vs/m^2 liegt. Nach Abb. 5 kann an Transformatorenblech ohne Textur, das als warmgewalztes Blech bis etwa 1950 ausschließlich in Anwendung war, bei einer Feldstärke $H = 10$ A/cm eine Induktion $B = 1{,}4$ Vs/m^2 erreicht werden. Eine wesentliche Erhöhung der Induktion bringt die Anwendung von Texturblechen, bei denen eine Vorzugslage der Magnetisierung in der Walzrichtung der Bleche liegt. Die Technologie zur Herstellung solcher Bleche wurde in ihren Grundzügen bereits 1935 durch Goss gefunden. Eine mehrmalige Kaltverformung um etwa 50% mit Zwischenglühungen bei 900°C führt bei einer Schlußglühung über 1000°C zu einer Textur, bei der die Kristallite mit der Ebene (110)//We und der Richtung [001]//WR liegen. Allerdings ist der Ausgangszustand des Werkstoffes entscheidend für den erreichbaren Texturgrad. Es dauerte daher fast 15 Jahre, ehe die notwendigen Bedingungen zur Erzielung eines hohen Texturgrades

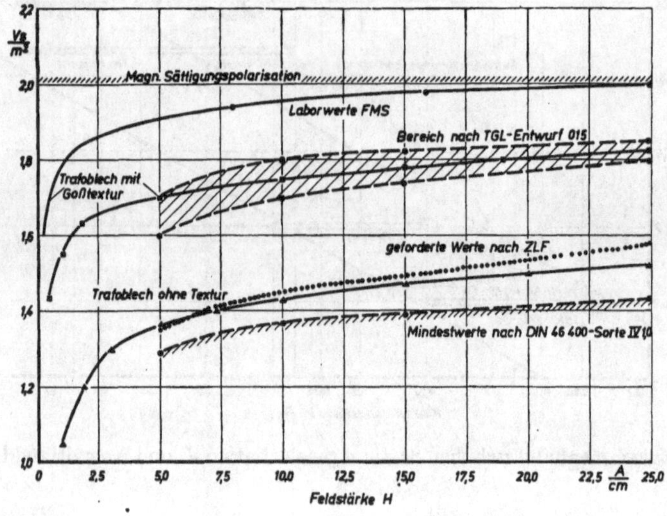

Abb. 5. Magnetisierungskurven bei FeSi-Blechen mit und ohne Textur

so weit beherrscht wurden, daß eine großtechnische Fertigung solcher Texturbleche möglich wurde. Die von einem Texturblech bester Qualität erreichten Eigenschaften sowie die von der Elektrotechnik nach TGL-Entwurf 015 geforderten Induktionen sind in Abb. 5 ebenfalls angegeben. Bei der Feldstärke 10 A/cm wird gegenüber dem warmgewalzten Blech eine Erhöhung der Induktion von 1,4 auf 1,75 Vs/m^2 erreicht. Durch eine weitere Steigerung des Texturgrades lassen sich die Eigenschaften noch verbessern, wie dies die im FMS erzielten Werte (Abb. 5, obere Kurve) erkennen lassen. Bei der Feldstärke 10 A/cm beträgt die Induktion bereits 1,95 Vs/m^2, und bei 25 A/cm wird praktisch die Sättigung erreicht.

Einen Einblick in den Einfluß des Ausgangszustandes auf die Wirkung der Technologie gibt Abb. 6. Hier ist der Texturgrad, durch den die magnetischen Eigenschaften im wesentlichen bestimmt sind, sowie die Korngröße in Abhängigkeit von der Glühtemperatur für eine Glühzeit von 6 h aufgetragen. Die betrachtete Fe–Si-Legierung mit 3% Si wurde im Vakuum erschmolzen und nach der angegebenen Technologie auf 0,35 mm verformt, wobei ein Teil der Legierung bei 2 mm einer Nitrierbehandlung unterworfen wurde. Man erkennt nun an dem in Abb. 6 wiedergegebenen Ergebnis, daß ohne Nitrierbehandlung nur ein Texturgrad von etwa 60% zu erreichen ist. Nach der Nitrierbehandlung wird bei Anwendung der gleichen Technologie ein Texturgrad von 100% erreicht. Wie die rechte Seite von Abb. 6 zeigt, ist die Texturbildung mit einem ausgeprägten Kornwachstum verbunden, das bei 900° C plötzlich einsetzt. Die in Abb. 7 wiedergegebenen Gefügeaufnahmen geben einen Einblick in die Art des Kornwachstums und seine Beeinflussung durch die Nitrierbehandlung.

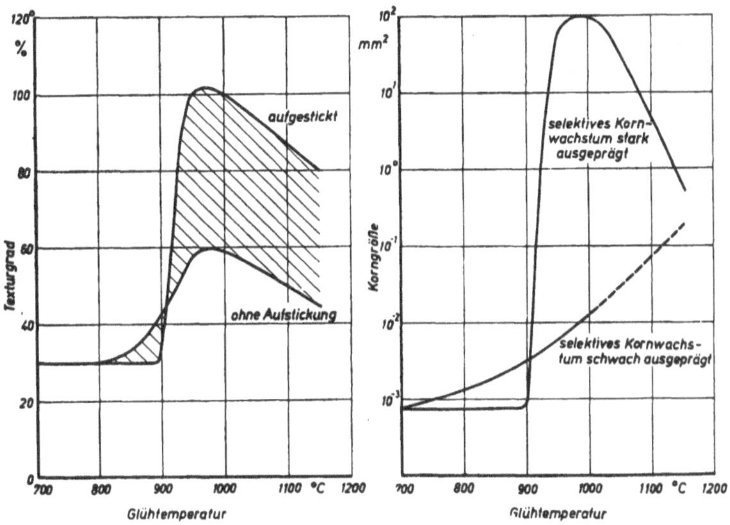

Abb. 6. Möglichkeiten zur Verbesserung des Texturgrades (Glühzeit 6 h)

Im ersten Fall wird ein Kornwachstum beobachtet, das im Temperaturbereich zwischen 900 und 1000° C völlig gleichartig verläuft. Dabei bleibt bei dem aufgestickten Werkstoff das Kornwachstum bis 900° C gegenüber dem des nichtaufgestickten Werkstoffes zurück. Bei einer geringen Temperaturerhöhung auf etwa 925° C beginnen bei dem aufgestickten Werkstoff plötzlich einige Körner auf Kosten ihrer Nachbarn zu wachsen, d. h. das Kornwachstum verläuft selektiv. Eine nähere Untersuchung der wachstumsfähigen Körner zeigt, daß diese sämtlich eine Orientierung nach (110)[001] besitzen. Damit muß durch diese Art des Kornwachstums ein Werkstoff mit ausgeprägter Textur (d. h. Texturgrad etwa 100%) entstehen. Der Temperaturbereich des selektiven Kornwachstums erstreckt sich bis etwa 1000° C; wird er rasch durchschritten, so verläuft das Kornwachstum nicht mehr ausgeprägt selektiv. Auch Körner mit anderen Orientierungen als (110)[001] sind wachstumsfähig, und daher wird nur ein schlechter Texturgrad erreicht. Das Auftreten des selektiven Kornwachstums muß daher mit der Nitrierbehandlung zusammenhängen. Nach den heutigen Kenntnissen kann selektives Kornwachstum dann eintreten, wenn eine kleine Menge heterogener Verunreinigungen an den Korngrenzen in einem bestimmten Verteilungsgrad vorliegt. Als solche Verunreinigungen können sowohl Nitride, Oxyde oder auch Sulfide wirksam sein. Durch diese Verunreinigungen wird offenbar eine Wachstumshemmung für alle Körner ausgelöst, die nicht eine Orientierung nach (110)[001] besitzen.

Neben der Forderung nach hohen Induktionen besteht noch die nach geringen Ummagnetisierungsverlusten. Diese werden in der Hauptsache durch Hystereseverluste und Wirbelstromverluste hervorgerufen. Die Hystereseverluste

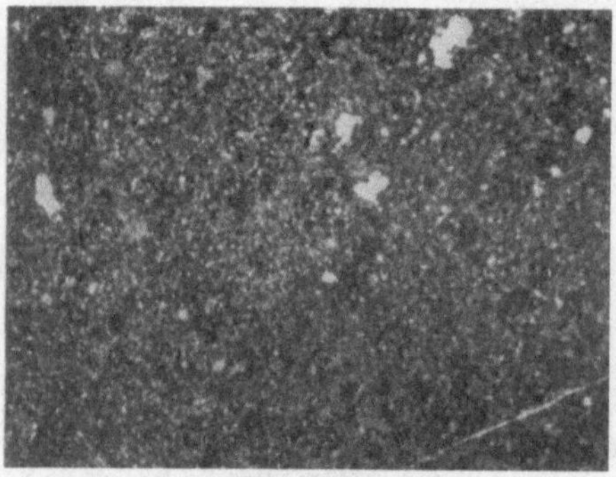

a) 900° C 3 Std

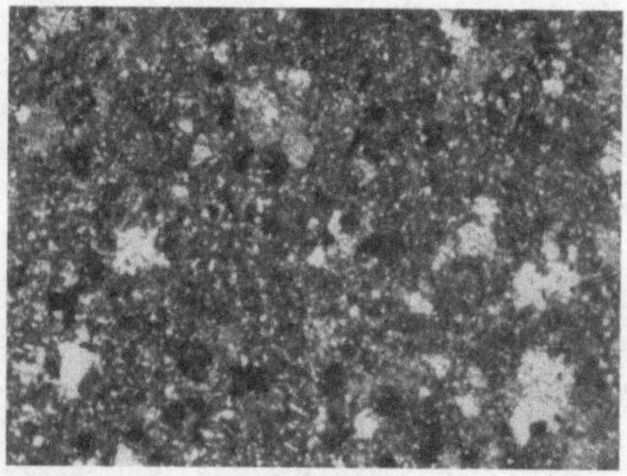

b) 900° C 6 Std.

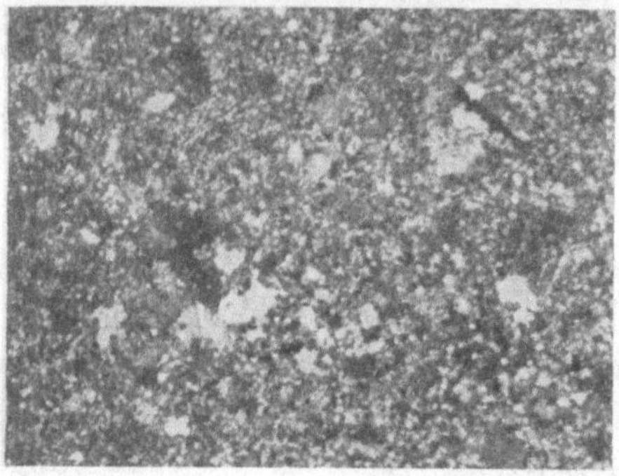

c) 950° C 3 Std.

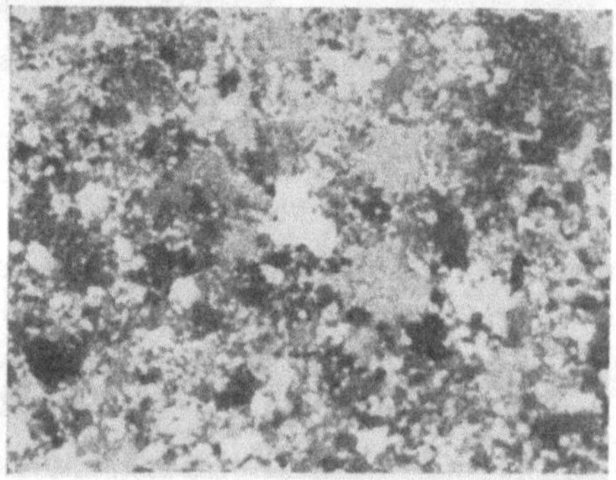

d) 950° C 6 Std.

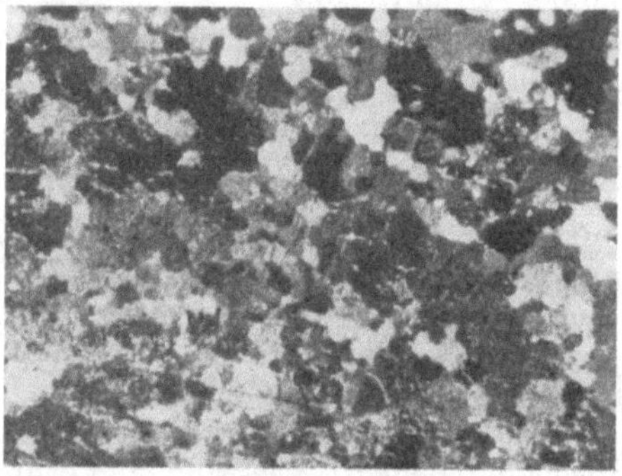

e) 1000° C 6 Std.

Abb. 7 a—e. Fe–Si Vakuum–Schmelze

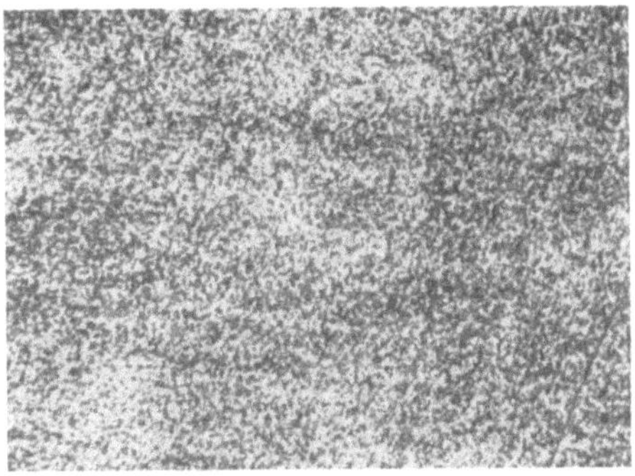

f) 925° C 2 Std.

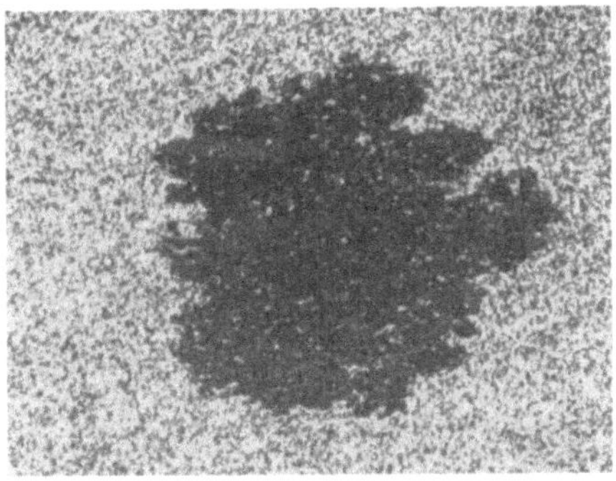

g) 925° C 3 Std.

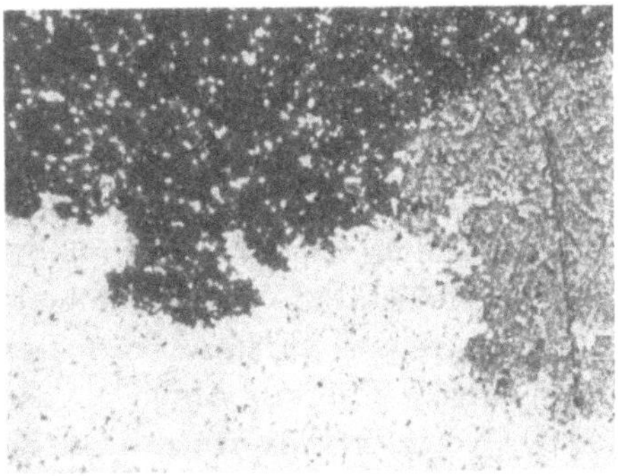

h) 925° C 6 Std.

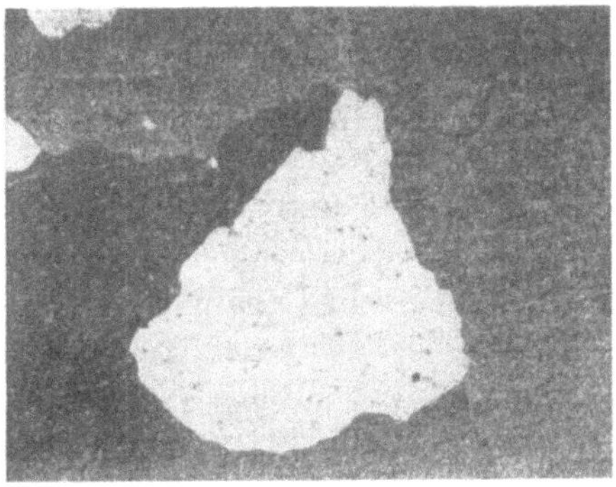

i) 950° C 2 Std.

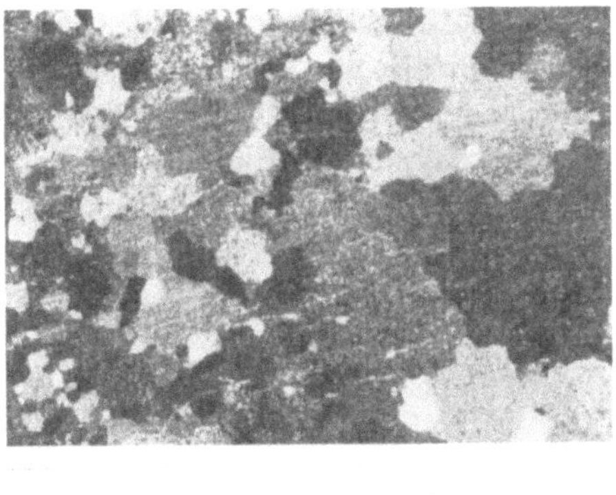

0,5 cm

k) 1150° C 6 Std.

Abb. 7f–k. Fe-Si Vakuum-Schmelze und Aufstickung

können durch Herabsetzen der Koerzitivfeldstärke entsprechend verringert werden, wie Abb. 8 zeigt. Die Wirbelstromverluste sollten sich nach der klassischen Wirbeltheorie aus der Beziehung

$$V_{\text{wirb}} = \frac{1{,}634 \cdot 10^{-13} \cdot s^2 \cdot f^2 \cdot Bm^2}{\delta \cdot \varrho} \; (\text{W/kg}) \qquad \begin{array}{|lcl} s & = & \text{Blechdicke (mm)} \\ f & = & \text{Frequenz (Hz)} \\ Bm & = & \text{Induktion (G)} \\ \delta & = & \text{Dichte (g/cm}^3\text{)} \\ \varrho & = & \text{spez. Widerstand (Ohm} \cdot \text{cm)} \end{array}$$

ergeben.

Für eine bestimmte Legierung ist danach bei gegebener Frequenz nur durch Verringerung der Blechdicke eine Erniedrigung der Wirbelstromverluste möglich. Da andererseits die Hystereseverluste mit abnehmender Blechdicke zunehmen, wird ein Minimum der Gesamtverluste bei einer Blechdicke von etwa 0,3 mm erreicht. Da meist Bleche von 0,35 mm Anwendung finden, ist daher eine merkliche Senkung der Wirbelstromverluste auf diese Art nicht mehr möglich. Abb. 8 zeigt nun noch, daß die aus der Differenz der Ummagnetisierungsverluste und der Hystereseverluste bestimmten Wirbelstromverluste die nach der klassischen Theorie berechneten erheblich übersteigen. Dabei ist dieser Zusatzverlust unabhängig von der Koerzitivfeldstärke. Mit zunehmender metallurgischer Güte der Bleche, d. h. mit abnehmenden Hystereseverlusten, nehmen daher die Wirbelstromverluste einen immer größeren Anteil an dem Gesamtverlust ein. Bleche hoher Güte besitzen Koerzitivfeldstärken bis herab zu 0,07 A/cm. Hierbei würden die Wirbelstromverluste bereits 75% der Gesamtverluste betragen. Die weitere Verbesserung der Ummagnetisierungsverluste ist daher nur noch durch die Klärung der Natur der anomalen Wirbelstromverluste denkbar. Offenbar ist die Korngröße der Bleche hierbei von Bedeutung. Bei größerem Korn nimmt die Breite der magnetischen Elementarbezirke zu und damit bei einer Ummagnetisierung die Geschwindigkeit der Blochwandbewegung. Mit zunehmender Geschwindigkeit der Blochwandbewegung wird die Entstehung von Wirbelströmen begünstigt. Der Möglichkeit der Verringerung der Korngröße steht entgegen, daß die ebenfalls notwendige Texturbildung durch selektives Kornwachstum entsteht und damit gerade ein

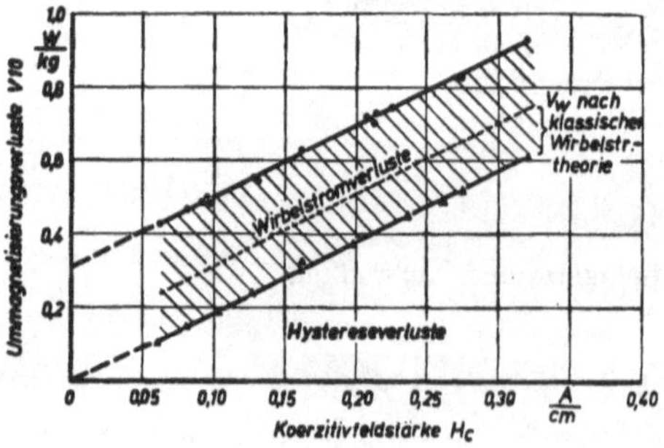

Abb. 8. Ummagnetisierungsverluste in Abhängigkeit von der Koerzitivfeldstärke bei FeSi-Texturblech

starkes Kornwachstum verbunden ist. Der heute in den Laboratorien erreichte Bestwert der Ummagnetisierungsverluste für Bleche von 0,35 mm liegt bei $V_{10} = 0{,}38$ W/kg. Da einige Fertigungsstellen bereits großtechnisch Bleche mit $V_{10} = 0{,}45$ W/kg erzeugen, kann eine wesentliche Senkung der Ummagnetisierungsverluste nicht mehr erwartet werden.

Ni–Fe-Legierungen

Für die Anfangspermeabilität gilt nach KERSTEN die Beziehung

$$\mu_a \approx \frac{2}{9} \frac{J_s^2}{\lambda_s \cdot b_i}$$

J_s = Sättigungsmagnetisierung (V · s/m²)
b_i = innere Spannung (kp/m²)
λ_s = Sättigungsmagnetostriktion.

Ein Vergleich der hiernach erreichbaren Anfangspermeabilität zeigt, daß die an Ni–Fe-Legierungen gemessenen Werte den nach der Theorie erwarteten Gang aufweisen. Es war demnach nicht zu erwarten, daß im Bereich von 40 bis 60% Ni eine Anfangspermeabilität $\mu_a > 4000$ auftreten kann. Durch einen Hinweis von WILLIAMS angeregt, der im Gegensatz zur allgemeinen Erfahrung bei Legierungen mit 40 bis 50% Ni über Anfangspermeabilitäten von etwa 10000 berichtet, wurden eigene Untersuchungen durchgeführt. Dabei zeigte sich, daß durch eine Anlaßbehandlung bei etwa 500° C die Anfangspermeabilität einer Legierung mit 50% Ni bis auf $\mu_a = 9500$ gesteigert werden kann. Wird die Anlaßbehandlung in Gegenwart eines Magnetfeldes bei wenig tieferen Temperaturen durchgeführt, so steigt die Anfangspermeabilität auf Werte $\mu_a > 20000$ an (Abb. 9). Beide Erscheinungen sind daher vom Standpunkt der Theorie außerordentlich überraschend, zumal nach allen bisherigen Beob-

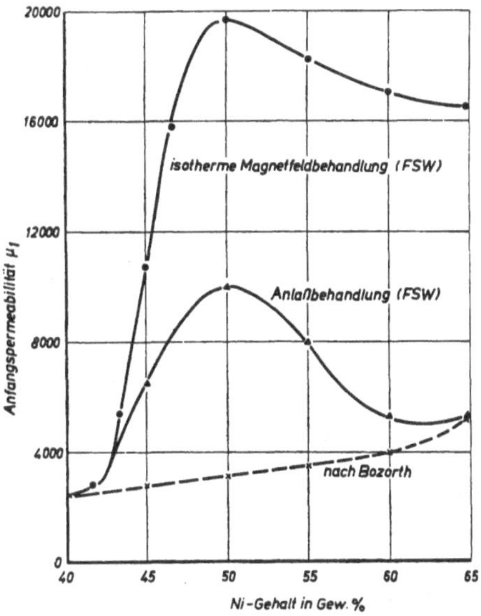

Abb. 9. Verbesserung der Anfangspermeabilität binärer FeNi-Legierungen durch Sonderwärmebehandlung

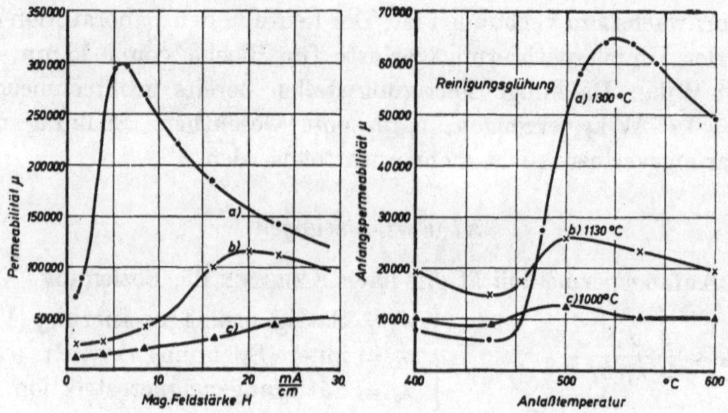

Abb. 10. Einfluß von Reinigungsglühung und Anlaßbehandlung bei den höchstpermeablen FeNi-Legierungen mit Cu- u. Cr-Zusatz

achtungen sich eine Magnetfeldbehandlung nur auf Maximalpermeabilität und Remanenz auswirkt. Das Auftreten dieses hohen Wertes der Anfangspermeabilität steht vielleicht in Zusammenhang damit, daß λ 100 bei etwa 46% Ni durch Null geht. Eine Erklärungsmöglichkeit des Einflusses der Magnetfeldbehandlung auf die Anfangspermeabilität besteht noch nicht.

Eine erhebliche Verbesserung der Eigenschaften höchstpermeabler Ni–Fe-Legierungen wurde durch eine Wärmebehandlung einer Legierung mit etwa 78% Ni, 4% Mo, Rest Fe erzielt. Die Anfangspermeabilität steigt dabei auf über 100000 und die Maximalpermeabilität auf über 1000000 an. Die notwendige Wärmebehandlung entspricht etwa derjenigen, die bei binären Ni–Fe-Legierungen im Überstrukturgebiet Ni_3Fe eine besonders starke Verschlechterung der weichmagnetischen Eigenschaften bewirkt. Der durch die Wärmebehandlung einsetzende Ordnungsvorgang wird demnach durch Legierungszusätze entscheidend beeinflußt. Hierbei können auch Verunreinigungen eine starke Bedeutung besitzen und den Ordnungsvorgang entweder direkt beeinflussen oder auch seine Auswirkung auf die magnetischen Eigenschaften überdecken. Abb. 10 zeigt nach eigenen Untersuchungen den Einfluß einer Reinigungsglühung auf das Anlaßverhalten der Legierung 76% Ni, 5% Cu, 2% Cr, Rest Fe. Erst nach Durchführung der Reinigungsglühung bei 1300°C wird eine Wirkung der Anlaßbehandlung beobachtet, die ähnlich wie bei der erwähnten Ni–Fe–Mo-Legierung verläuft. Für die Weiterentwicklung höchstpermeabler Legierungen ist daher das Studium von Ordnungsvorgängen und ihre Beeinflussung durch Fremdatome besonderer Aufmerksamkeit wert.

Hartmagnetische Werkstoffe

Hartmagnetische Werkstoffe müssen, wie erwähnt, im 2. Quadranten der Hystereseschleife eine möglichst große Energiedichte $(BH)_{max}$ aufweisen. Eine rechteckige Hystereseschleife mit hoher Remanenz und Koerzitivfeldstärke führt zu diesem Ergebnis. Hohe Koerzitivfeldstärke wiederum erfordert ein heterogenes Gefüge mit unmagnetischer oder schwachmagnetischer Grundmasse und eingelagerten ferromagnetischen Einzelbereichsteilchen. Auf schmelzmetallurgischem Wege kann ein solches Gefüge durch Ausscheidungsvorgänge, Umwandlungsvorgänge oder Überstrukturbildung erreicht werden. In den letzten Jahren ist es auch auf pulvermetallurgischem Wege gelungen, sog. Feinstpulvermagnete herzustellen, die aus feinsten Eisen- oder Fe–Co-Teilchen bestehen, von denen jedes einen Elementarbezirk darstellt und die durch eine unmagnetische Komponente voneinander getrennt sind.

In Tabelle 3 ist der Zusammenhang zwischen Eigenschaften, Werkstoffzustand und Technologie zusammengefaßt. Eine Übersicht über technisch wichtige Legierungssysteme mit hartmagnetischen Werkstoffen gibt Tabelle 4, wobei eine Einteilung nach der Art des Heterogenisierungsprozesses gewählt wurde. Danach werden an Dauermagnetwerkstoffen Energiedichten zwischen $0{,}8 \cdot 10^4$ und $9{,}5 \cdot 10^4$ Ws/m³ erreicht. Die magnetisch besten Legierungen zeigen schlechte Bearbeitungseigenschaften und sind nicht verformbar. Sie

Tabelle 3. Zusammenhang zwischen Eigenschaft, Werkstoffzustand und Technologie

Hartmagnetische (heterogene) Werkstoffe

Eigenschaft	Werkstoffzustand	Technologie
Sättigung	Sättigung der einzelnen Phasen, Mengenverhältnis der vorhandenen Phasen	Legieren, Schmelzen, Pulvermetallurgische Herstellung
Remanenz	wie Sättigung; dazu Größe, Form, Orientierung der heterogen eingelagerten ferromagnetischen Phase	wie Sättigung; dazu Erzeugung magnetischer Vorzugslagen durch Teilchenorientierung: Wachstumsorientierung, Magnetfeldbehandlung, Verformungsorientierung, Pressen im Magnetfeld
Koerzitivfeldstärke	wie Sättigung und Remanenz; dazu heterogene Phase als Einbereichsteilchen mit hoher Kristall-, Spannungs- und Formanisotropie, $_JH_c$ umgekehrt verhältnisgleich dem Volumenanteil der ferromagnetischen Phase.	Erzeugung heterogener Gefüge mit unmagn. Grundmasse und eingelagerten ferromagn. Einzelbereichsteilchen (Ausscheidungs-, Gefügeumwandlungs-Überstrukturmagnete) durch Schmelzmetallurgie, ESD-Magnete (Elongated single domain) durch Pulvermetallurgie
Energiedichte $(BH)_{\max}$	hohe Sättigung und hohe Remanenz, $_JH_c \geqq B_r$; Volumenanteil der ferromagnetischen Phase ungefähr 0,5	wie Remanenz und Koerzitivfeldstärke

Tabelle 4. Übersicht über Legierungssysteme hartmagnetischer Werkstoffe und die Heterogenisierungsart

Metalle

Fe | Ni | Co

Die Zahlenangaben geben die $(BH)_{max}$-Werte in Ws/m³ an

Legierungen (heterogen, mit Phasen untersch. magn. Eigensch.)

Ausscheidungs-Leg.	Umwandlungs-Leg.	Überstruktur-Leg.	Feinstpulver-Mag.
teilweise verformbar	gut verformbar	schlecht verformbar	pressen
Al–Ni: $0{,}8 \cdot 10^4$	Fe–Co–V: $0{,}8$–$2{,}8 \cdot 10^4$	Pt–Fe: $2{,}8 \cdot 10^4$	Fe: $3{,}2 \cdot 10^4$
nicht verformb. Al–Ni–Co: $1{,}5$–$9{,}5 \cdot 10^4$	Fe–Mn–Ti: $1{,}2 \cdot 10^4$	Pt–Co: $7{,}2 \cdot 10^4$	Fe–Co: $4{,}0 \cdot 10^4$
nicht verformbar Cu–Ni–Fe: $1{,}4 \cdot 10^4$	Fe–Ni–Cr: $2{,}2 \cdot 10^4$		Mn–Bi: $3{,}5 \cdot 10^4$
verformbar Cu–Ni–Co: $0{,}8 \cdot 10^4$ verformbar			

schmelzmetallurgische Erzeugung und pulvermetallurgische Erzeugung

nur pulvermetallurgische Erzeugung

können nur durch Schleifen bearbeitet werden. Gut verformbare Werkstoffe finden sich besonders bei der Gruppe der Umwandlungslegierungen, dabei liegen magnetische Bestwerte für Fe–Co-Legierungen bei $(BH)_{max} = 2{,}8 \cdot 10^4$ Ws/m³.

Über die erreichbaren Grenzwerte der für die technische Anwendung maßgebenden Induktions-Koerzitivfeldstärke ${}_BH_c$ sowie der Energiedichte $(BH)_{max}$ lassen sich einige Aussagen machen. Geht man davon aus, daß für einen Werkstoff die Remanenz bestenfalls gleich der Sättigung werden kann, so ergibt sich als Grenzwert ${}_BH_c \leqq B_r/\mu_0$ und $(BH)_{max} = \frac{1}{\mu_0} \cdot \left(\frac{B_r}{2}\right)^2$. Abb. 11 zeigt für eine Reihe von Dauermagnetwerkstoffen die Koerzitivfeldstärke ${}_BH_c$ und Energiedichte $(BH)_{max}$ in Abhängigkeit von der Remanenz B_r. Gleichzeitig sind die Grenzwertkurven eingezeichnet, so daß die noch mögliche Werkstoffverbesserung erkennbar wird. Für einige Werkstoffgruppen, z. B. PtCo, MnBi

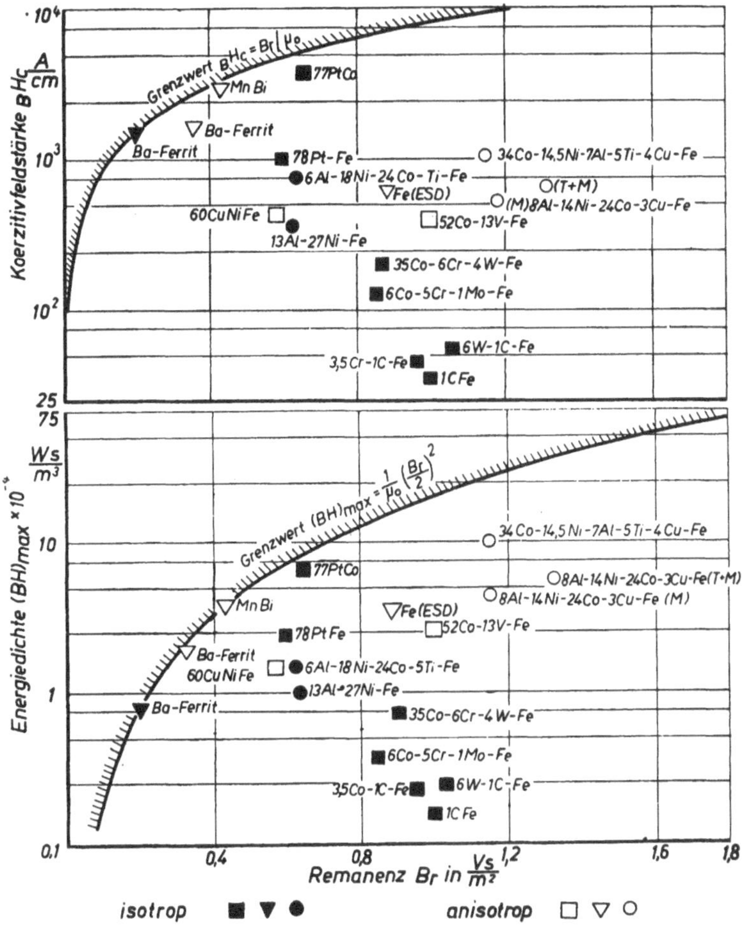

Abb. 11. Zusammenhang zwischen Remanenz B_r, Koerzitivfeldstärke H_c und Energiedichte $(BH)_{\max}$ von Dauermagnetwerkstoffen

und Bariumferrit sind praktisch die Grenzwerte erreicht und ist daher die Entwicklung abgeschlossen.

Die vorstehende Betrachtung setzt dabei voraus, daß $_JH_c > B_r$ werden kann. Eine theoretische Abschätzung für die maximale Koerzitivfeldstärke $_JH_c$ an Einzelbereichsteilchen gibt Tabelle 5. Dabei zeigt sich, daß bestenfalls $_JH_c = 0{,}5\,B_r$ werden kann. Nimmt man die Gültigkeit dieser theoretischen Abschätzung an, so wird die erreichbare Energiedichte niedriger als zunächst angegeben. Für die wichtige Gruppe der Alnico-Legierungen wird eine Erhöhung der Energiedichte vom jetzigen Bestwert von $10 \cdot 10^4$ Ws/m³ auf 20 bis $40 \cdot 10^4$ Ws/m³ als möglich angesehen. Der erreichte Entwicklungsstand für die verschiedenen Legierungsgruppen soll im folgenden beschrieben werden.

Tabelle 5. Theoretische Abschätzung für die maximale Koerzitivfeldstärke $_JH_c$ bei Einbereichsteilchen

Grenzwerte für $_JH_{c\,\max}$ bei Einbereichsteilchen

Ursache von	Kristall-	Form-	Spannungs-
	Anisotropie	Anisotropie	Anisotropie
$_JH_c$	$2\,k/Js$	$2\,\pi\,Js$	$3\,\lambda \cdot \sigma_x/Js$
Fe	500	10700	600
Co	6000	8800	600
Ni	135	3150	4000

$x\,\sigma = 200$ kp/mm²

Feinstpulvermagnete

Für die magnetischen Eigenschaften von Feinstpulvermagneten ist der Volumenanteil der ferromagnetischen Phase sowie die Abmessung, Form und Orientierung der Einzelbereichsteilchen maßgebend. Mit zunehmendem Volumenanteil der ferromagnetischen Phase wird die Remanenz entsprechend ansteigen, während die Koerzitivfeldstärke durch die Wechselwirkung der Teilchen aufeinander abnimmt und dem Wert des kompakten Werkstoffes zustrebt. Da nun die Energiedichte $(BH)_{\max}$ sowohl von B_r als auch von H_c bestimmt ist, wird ein Maximum der Energiedichte bei einem Volumenanteil der ferromagnetischen Phase von etwa 0,4 bis 0,5 gefunden. Abb. 12 zeigt die experimentell gefundenen Werte an Feinstpulvermagneten mit einem Volumenanteil der ferromagnetischen Phase zwischen 0,07 und 0,61. Der theoretisch

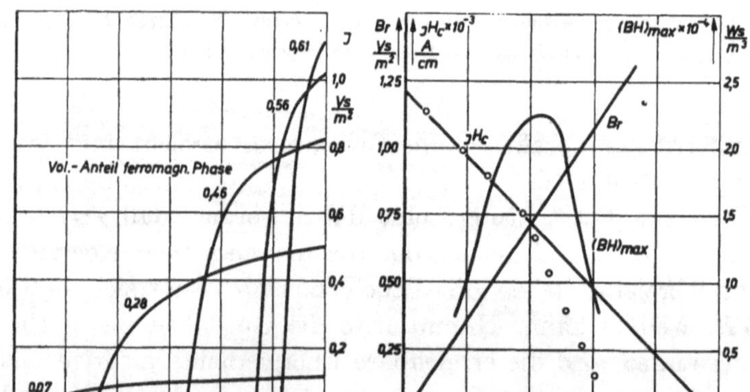

Abb. 12. Magnetische Eigenschaften von Feinstpulvermagneten

erwartete Gang der Eigenschaften wird gefunden. Dabei ist bemerkenswert, daß bei einem Anteil der ferromagnetischen Phase über 0,4 die Koerzitivfeldstärke rasch abnimmt. Dies dürfte auf die bei höherem Anteil der ferromagnetischen Phase vorhandene Möglichkeit der Bildung geschlossener magnetischer Kreise durch geeignete Anlagerung der Pulverteilchen zurückzuführen sein. Bei sehr kleinem Volumenanteil der ferromagnetischen Phase erreicht die gemessene Koerzitivfeldstärke jedoch nicht den theoretisch bei Form-Anisotropie erwarteten Wert. Der Grund hierfür kann entweder darin gesehen werden, daß die theoretische Annahme der kohärenden Drehung der spontanen Magnetisierung nicht zutrifft oder daß die als Einzelbereichsteilchen angesehenen länglichen Pulverteilchen in Wirklichkeit durch eine Aneinanderreihung kugelförmiger Teilchen gebildet werden.

Alni- und Alnico-Legierungen

Etwa 90 bis 95% aller verwendeten Dauermagnetwerkstoffe sind Alni- und Alnico-Legierungen. Die hartmagnetischen Eigenschaften dieser Legierungs-

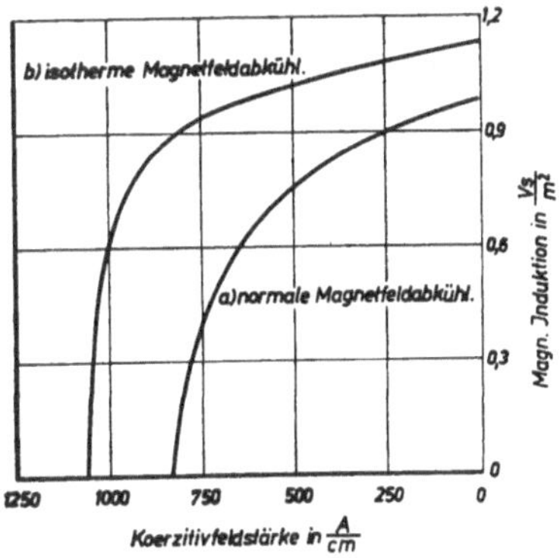

Abb. 13. Entmagnetisierungskurven und Gefüge von Ticonal nach unterschiedlicher Magnetfeldbehandlung

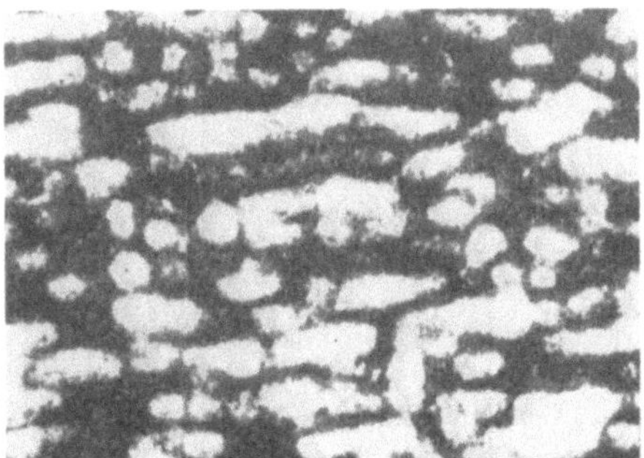

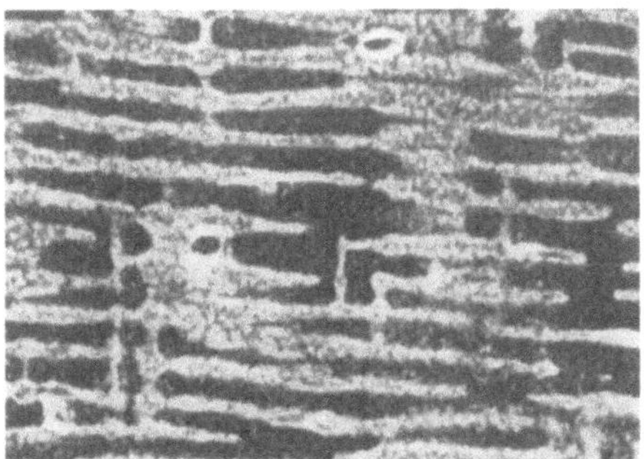

Behandlung a)
$(BH)_{\max} = 4 \cdot 10^4$ Ws/m³
B_r = 0,98 Vs/m²
H_c = 830 A/cm

0,1 µm

Behandlung b)
$(BH)_{\max} = 7{,}5 \cdot 10^4$ Ws/m³
B_r = 1,14 Vs—m³
H_c = 1070 A/cm

gruppe werden durch einen Ausscheidungsvorgang ausgebildet. Hierbei zerfällt eine Hochtemperaturphase in zwei krz. α-Phasen, von denen die eine fast reines Eisen ist, während die andere ungefähr der Zusammensetzung FeNiAl entspricht. Erfolgt der Ausscheidungsvorgang bei Anwesenheit eines Magnetfeldes, so können bei geeigneter Legierungszusammensetzung die Ausscheidungen bevorzugt in der dem Magnetfeld am nächsten liegenden Würfelkantenrichtung wachsen. In dieser Richtung zeigt der Werkstoff dann besonders günstige Eigenschaften. Wird eine solche Magnetfeldbehandlung an einem Einkristall oder einer Legierung mit Kristallorientierung durchgeführt, wobei das Magnetfeld in Richtung der Würfelkante einwirken muß, so kann die Energiedichte in der Vorzugsrichtung bis auf $(BH)_{\max} = 7 \cdot 10^4$ Ws/m³ gesteigert werden. Besonders günstige Ergebnisse werden an Legierungen mit etwa 34% Co und Zusätzen an Cu, Ti und Al erzielt, wenn das Magnetfeld nicht nur während der Abkühlung einwirkt, sondern isotherm, d. h. durch längeres Halten bei bestimmter Temperatur. Der Wachstumprozeß der Ausscheidungen kann hierdurch entscheidend beeinflußt werden und damit die magnetischen Eigenschaften, wie dies Abb. 13 zeigt. Durch diese Behandlung konnte eine Energiedichte von $(BH)_{\max} = 10 \cdot 10^4$ Ws/m³ erreicht werden. Dies ist der z. Zt. erreichte Bestwert.

Fe–Ni–Cr-Legierungen

Wird eine instabile austenitische unmagnetische Fe–Ni–Cr-Legierung verformt, so tritt in Abhängigkeit von den Verformungsbedingungen eine teilweise Umwandlung in eine ferromagnetische α-Phase auf. Dies kann dazu benutzt werden, um verformbare Dauermagnetwerkstoffe herzustellen. Die hartmagnetischen Eigenschaften des heterogenen Verformungsgefüges können durch eine Wärmebehandlung verbessert werden, bei der eine teilweise Rück-

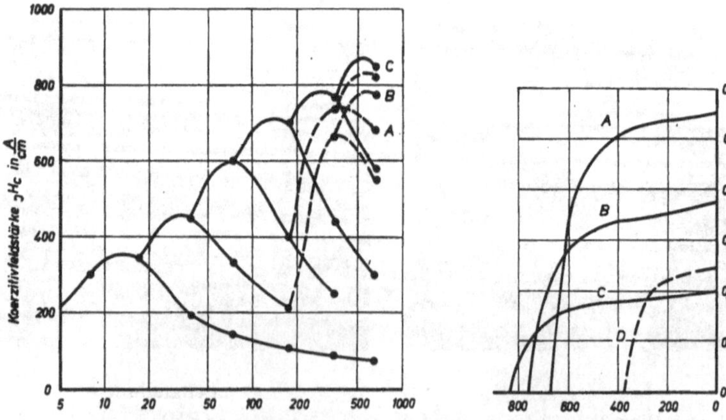

Abb. 14. Gezielte Technologie an Fe–Cr–Ni-Legierungen

umwandlung des zunächst durch Verformung gebildeten Ferrites in Austenit erfolgt. Führt man den Verformungsvorgang in mehreren Stufen durch, zwischen denen jeweils eine entsprechende Wärmebehandlung eingeschaltet wird, so kann eine erhebliche Steigerung der magnetischen Eigenschaften gegenüber einer einstufigen Verformung mit anschließender Wärmebehandlung erzielt werden. Durch diese im FMS entwickelte Technologie konnten die Eigenschaften an sich bekannter Verformungslegierungen, die ähnliche Zusammensetzung aufweisen, ganz erheblich verbessert werden. Abb. 14 zeigt den Einfluß von Verformung und Wärmebehandlung für unterschiedliche Technologien auf Koerzitivfeldstärke und Entmagnetisierungskurve. Es kann eine Koerzitivfeldstärke bis zu 1000 A/cm erreicht werden.

Zusammenfassung

Nach der Beschreibung der wichtigsten Entwicklungen auf dem Gebiet der metallischen Magnetwerkstoffe soll eine Darstellung der zeitlichen Entwicklung eine Beurteilung der Möglichkeiten der Weiterentwicklung erleichtern. Dabei soll der Weltstand der Entwicklung mit dem der DDR sowie mit dem in der großtechnischen Fertigung erreichten in Vergleich gesetzt und von den in den Normen niedergelegten Forderungen der Elektrotechnik aus beurteilt werden. Für die Gruppe der hochpermeablen weichmagnetischen Werkstoffe ist als kennzeichnende Eigenschaft die Anfangspermeabilität, für die Dynamo- und Transformatorenbleche auf Fe–Si-Basis der Ummagnetisierungsverlust V_{10} und für die hartmagnetischen Werkstoffe die Energiedichte $(BH)_{max}$ in Abb. 15 für den Zeitraum von 1910 bis 1960 dargestellt.

Bei den hochpermeablen Ni–Fe-Legierungen ist eine Anfangspermeabilität $\mu_a > 2 \cdot 10^5$ erreicht. Dabei übertreffen die in der Entwicklung des FMS erreichten Werte die im Schrifttum bekanntgewordenen. Die Durchschnittswerte der großtechnischen Fertigung der DDR liegen erheblich unter den in der Entwicklung erreichten und entsprechen etwa den Forderungen nach DIN 41301. Die große Differenz zwischen den durch die Norm festgelegten Forderungen der Elektrotechnik und den in der Entwicklung erreichten höheren Werten deutet darauf hin, daß auf dem Anwendungsgebiet dieser Werkstoffgruppe die Elektrotechnik meist mit Werkstoffen auskommt, die nicht die höchste erreichbare Güte besitzen. Nur in Sonderfällen werden Werkstoffe mit der höchsten erreichbaren Permeabilität eingesetzt, eine Norm besteht daher noch nicht. Diese Erscheinung ist mit darauf zurückzuführen, daß mit zunehmender magnetischer Güte eine steigende Empfindlichkeit der Werkstoffeigenschaften gegenüber jeder mechanischen Beanspruchung besteht und daher der Einsatz dieser Werkstoffe besondere Vorsichtsmaßnahmen erfordert. Außerdem müssen diese Werkstoffe, um ihre hohe Permeabilität voll ausnützen zu können, bei sehr dünnen Banddicken verwendet werden, da sonst durch Wirbelstromverluste ein wesentlicher Teil der magnetischen Güte verloren-

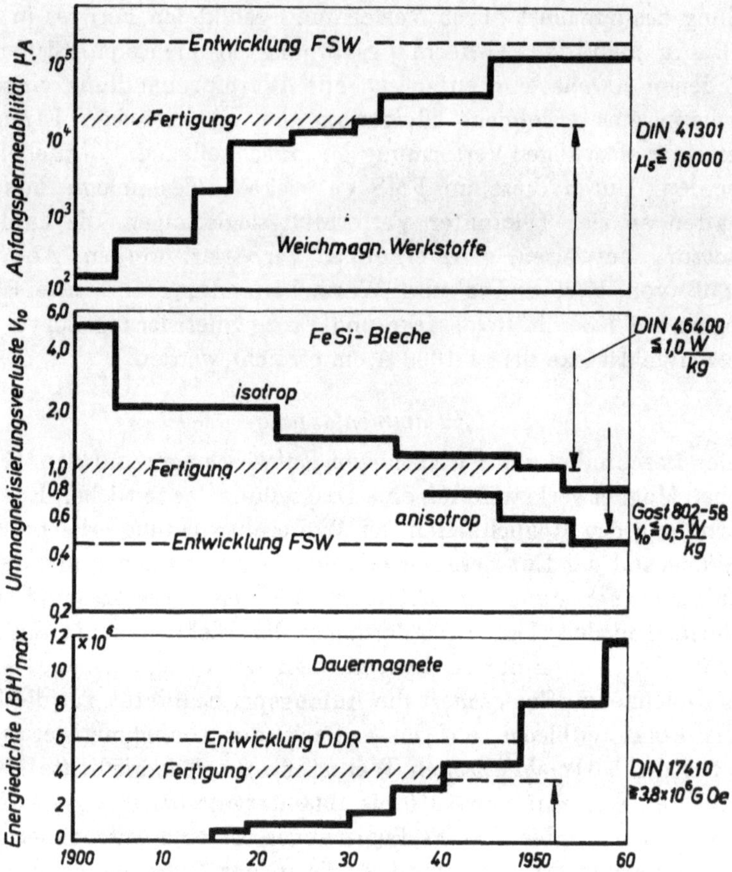

Abb. 15. Zeitliche Entwicklung der magnetischen Werkstoffe und Stand der Forschung und Fertigung in der DDR

geht. Eine Steigerung über den bereits erreichten Entwicklungsstand erscheint daher nicht vordringlich und ist auch nicht wahrscheinlich, da neue metallkundliche Möglichkeiten, die eine Steigerung der Permeabilität erlauben würden, zunächst nicht erkennbar sind.

Bei den Fe–Si-Legierungen ist die Entwicklung der isotropen und anisotropen Bleche zu beurteilen. Bei isotropen Blechen, die durch Warmwalzen hergestellt werden, kann eine Senkung der Ummagnetisierungsverluste im wesentlichen nur durch höhere Reinheit der Bleche, insbesondere die Vermeidung heterogener Verunreinigungen, erzielt werden. Bei den Texturblechen trägt sowohl eine Steigerung des Texturgrades als auch der Reinheit der Legierung zur Senkung der Ummagnetisierungsverluste und Erhöhung der Induktion bei. Der in der DDR erreichte Entwicklungsstand entspricht dem Weltstand. Eine weitere Verbesserung ist, wie bereits ausgeführt, kaum zu erwarten. Die in DIN 46400 bzw. für Texturbleche in GOST 802-58 geforderten Eigenschaften liegen außerordentlich nahe den in der Entwicklung erreichten. Es weist dies eindringlich darauf hin, welche hohen Forderungen der großtechnischen Fertigung gestellt werden, um diese Bedingungen zu erfüllen. Eine Weiterentwicklung auf diesem Gebiet wird daher hauptsächlich in der sicheren Beherrschung der Technologie gesehen werden müssen. Neben den Einfachtexturblechen, deren Entwicklung im wesentlichen als abgeschlossen anzusehen ist, können Bleche mit doppelter Vorzugslage durch Würfellage zunächst nur kleintechnisch erzeugt werden.

Bei den hartmagnetischen Werkstoffen auf Alnico-Basis ist die Entwicklung des Auslands (Philips, Holland) in der DDR noch nicht erreicht. Zwischen den Eigenschaften der im Labor bzw. in der Fertigung hergestellten Magnete besteht ein relativ geringer Güteunterschied, die nach DIN 17410 geforderten Werte werden eingehalten. Eine Steigerung der Energiedichte wird zunächst auf dem durch die ausländische Entwicklung vorgezeigten Wege möglich sein. Dabei spielt die Qualität der zur Verfügung stehenden Einsatzmetalle eine wesentliche Rolle. Allgemein läßt die Entwicklung auf dem Gebiet der Dauermagnetwerkstoffe eine weitere Verbesserung der Eigenschaften erwarten. Eine besondere Bedeutung dürfte dabei der Fertigung von Feinstpulvermagneten aus Einzelbereichsteilchen zukommen.

Literatur

[1] Goss, N. P., Entwicklung feinkörnigen Transformatorenbandstahles mit den Eigenschaften eines Einkristalles. Trans. Amer. Soc. Met. **23** (1935) 511—544; ausf. Referat: Stahl und Eisen **55** (1935) 934.

[2] Assmus, F., Detert, K., und Ibe, G., Über Eisen-Silizium mit Würfeltextur. Z. Metallkunde **48** (1957) 6, 344—349.

[3] Rassmann, G., Die Entwicklung anisotroper Transformatorenbleche in der Deutschen Demokratischen Republik. Dtsch. Elektrotechn. **11** (1957).

[4] Rassmann, G., Stand der Fertigung und Entwicklung von Transformatorenblechen. Neue Hütte **3** (1958) 193—203.

[5] Fast, I. D., The influence of impurities on the recrystallisation texture of cold-rolles 3% silicon iron. Philips Research Rep. **11** (1956) 6, 490—491.

[6] Detert, K., Über die Entstehung der Groß-Textur in Eisen-Silizium-Legierungen. Metall **12** (1958) 9, 817—821.

[7] Rassmann, G., und Wich, H., Werkstoffzustand und magnetische Eigenschaften der Legierung mit 50% Ni und 50% Fe.
Berichte der Arbeitsgemeinschaft Ferromagnetismus (1959) 181—189.

[8] Mendelsohn, L. I., Luborsky, F. E., und Paine, T. O., Permanent-Magnet Properties of Elongated Single-Domain Iron Particles. Journ. of Applied Physics, Okt. 1955. Vol. 26, Nr. 10, S. 1274—1280.

[9] Koch, A. J. J., van der Steeg, M. G., und de Vos, K. J., Dauermagnete mit hoher Koerzitivkraft auf der Basis von Fe–Co–Ni–Al-Legierungen. Berichte der Arbeitsgemeinschaft Ferromagnetismus (1959) 130—139.

[10] Rassmann, G., und Henkel, O., Weiterentwicklung verformbarer Fe–Ni–Cr-Dauermagnetlegierungen.
Berichte der Arbeitsgemeinschaft Ferromagnetismus (1958) 120—126.

Dr. Wilfried Andrä

*Mitglied des Direktoriums des Instituts für magnetische Werkstoffe der Deutschen Akademie der Wissenschaften zu Berlin,
Leiter der Abteilung Grundlagenforschung*

NICHTMETALLISCHE MAGNETISCHE WERKSTOFFE

Nach den metallischen sollen nun die nichtmetallischen magnetischen Werkstoffe zur Sprache kommen. Ich hoffe, Ihrer Zustimmung sicher zu sein, wenn ich aus der großen Zahl der Stoffe, die zu dieser Kategorie gehören, nur eine Gruppe auswähle, die allerdings fast alle technisch interessanten Stoffe enthält. Es handelt sich dabei um Verbindungen im chemischen Sinne zwischen Sauerstoff und verschiedenen metallbildenden Elementen, also um Oxyde oder Mischoxyde. Da alle diese Materialien Eisenionen enthalten, hat man ihnen den gemeinsamen Namen „Ferrite" gegeben, obwohl bereits eine Modifikation des metallischen Eisens seit längerer Zeit ebenso genannt wird.

Im ersten Bild sehen wir eine Zeichnung, in der zwei Gitter-Elementarzellen nebeneinander dargestellt sind. Rechts ist das metallische α-Eisen und links eine Ferritart gezeichnet. Die Kreise stellen Atome oder Ionen dar, die Pfeile sollen deren magnetische Momente andeuten. Zweierlei fällt bereits bei oberflächlicher Betrachtung des Bildes auf: Das Ferritgitter ist wesentlich komplizierter (hier ist eine relativ einfache Art, der sogenannte Spinell, abgebildet), und außerdem sind die magnetischen Momente z. T. entgegengerichtet, d. h. die Magnetisierung des Ferrites erreicht nicht die maximal mögliche Größe.

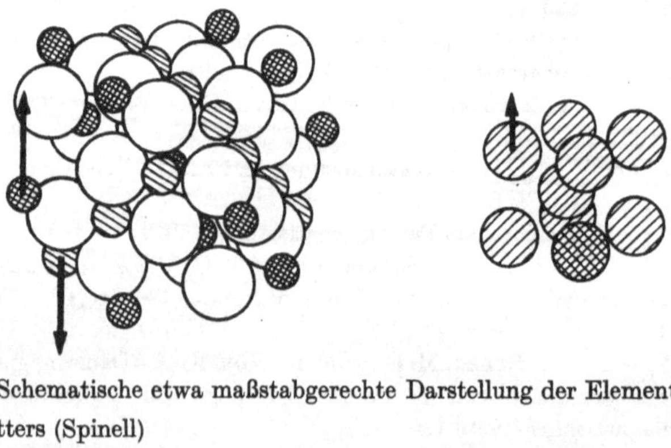

Abb. 1. Schematische etwa maßstabgerechte Darstellung der Elementarzellen
(a) eines Ferritgitters (Spinell)
(b) des Gitters von α-Eisen (z. B. Siliziumeisen). Durch die leeren Kreise sind Sauerstoffionen, durch die schraffierten Kreise Ionen bzw. Atome von metallbildenden Elementen (z. B. Fe, Zn, Mn, Si) bezeichnet. Die Pfeile deuten die magnetischen Momente der Gitter bzw. Untergitter an

Man fragt sich natürlich, ob es sinnvoll ist, Stoffe mit so komplizierter Struktur, deren Herstellung mit Sicherheit schwieriger und teurer als die des einfachen Eisens ist, zu produzieren, zumal außerdem die Magnetisierung niedriger bleibt. Es gibt jedoch dafür gewichtige Gründe: niedrige Preise der Ausgangsstoffe und vor allem die besonderen Eigenschaften.

Ein gutes Beispiel für den ersten Grund liefert der Bariumferrit, der in großen Mengen als Dauermagnetwerkstoff verwendet wird und in seinen Eigenschaften den mittelguten Alnico-Magneten vergleichbar ist. Nach einer vorsichtigen Schätzung müßten in der DDR jährlich über 10 Millionen DM mehr allein für die Ausgangsstoffe ausgegeben werden, wenn die Jahresproduktion an Bariumferritmagneten durch Alnico-Magnete ersetzt werden sollte. In derselben Höhe liegt übrigens auch der Gesamtpreis der jährlich verkauften Bauelemente aus Bariumferrit. Solche Dauermagnete werden in großen Stückzahlen in Lautsprechern, Fahrraddynamos, Tachometern usw. eingebaut. Der Kuriosität halber möchte ich eine weitere Anwendung nennen, die außerhalb des Gebietes der Elektrotechnik und des Maschinenbaues liegt und sehr verblüffend klingt: In den USA hat man Versuche angestellt, wie das Kuhfutter am besten von Eisenteilen gereinigt werden kann. Folgendes Verfahren erwies sich als wirtschaftlich günstig: Man füttert den Rindern Dauermagnete, die nach einiger Zeit wieder ausgespuckt werden. An diesen Magneten sammeln sich die Eisenteile in Mengen bis zum doppelten Eigengewicht des Magneten und können so leicht aus dem Magen entfernt werden. Dieses Verfahren ist billiger als die Entfernung der Eisenteile vor der Verfütterung.

Neben den Dauermagnet-Ferriten, die mengenmäßig den größten Anteil der Produktion stellen, gibt es noch zwei weitere Gruppen mit etwa gleicher volkswirtschaftlicher Bedeutung. In beiden Gruppen sind Ferrite zusammengefaßt, die sich durch besondere Eigenschaften vor den Metallen auszeichnen. Hier ist als bezeichnendes Beispiel die niedrige elektrische Leitfähigkeit zu nennen, die um einen Faktor von mindestens einer Million schwächer ist als bei den Metallen und die Ferrite zu den geeigneten Werkstoffen für die Hoch- und Höchstfrequenztechnik macht. Die erste dieser beiden Gruppen enthält die normalen weichmagnetischen Ferrite, vor allem die Mangan-Zink- und die Nickel-Zink-Ferrite. Sie finden als Kerne für Spulen und Übertrager im Frequenzgebiet bis etwa 0,5 MHz bzw. 200 MHz Verwendung. Ihrem Einsatz in der Starkstromtechnik steht leider bis heute noch die Tatsache entgegen, daß ihre Sättigungsmagnetisierung um den Faktor 4 bis 5 niedriger liegt als bei den Metallen. Man kann sie daher nicht bei der Übertragung größerer Leistungen verwenden, und infolgedessen ist die Jahresproduktion der Ferrite hinsichtlich ihres Gewichtes nicht mit den Zahlen zu vergleichen, die etwa bei Transformatorenblechen in Frage kommen. Weichmagnetische Ferrite werden bei uns jährlich in der Größenordnung von einigen hundert Tonnen gefertigt.

Da sie aber einen relativ hohen Veredelungsfaktor von, grob geschätzt, etwa 100 haben, ist der Betrag der Bauelemente dieser Gruppe dem der Bariumferritgruppe vergleichbar.

In der dritten Gruppe finden sich sehr verschiedenartige Ferrite mit speziellen Anwendungsgebieten. Ich denke hier z. B. an solche, die als Schalt- und Speicherelemente einen wichtigen Bestandteil der modernen Rechenautomaten bilden, ferner an Ferrite für die Mikrowellentechnik oder für mechanische Filter und Schwinger (von beiden Anwendungen hat bereits Hr. FRÜHAUF eindrucksvolle Beispiele gebracht) oder auch an Werkstoffe für Tonköpfe und Tonbänder. Alle diese Sonderferrite zeichnen sich durch einen besonders hohen Veredelungsfaktor (Größenordnung 1000) aus. Sie stellen infolgedessen einen Anteil am Gesamtumsatz der Ferritbauelemente, der schon jetzt den beiden vorher genannten Gruppen gleichkommt, in den kommenden Jahren aber stark anwachsen kann.

Die Ferrite sind erst in den letzten 10 bis 15 Jahren in nennenswertem Umfang in die Technik eingeführt worden. Es ist daher nicht verwunderlich, daß wir hinsichtlich der Entwicklung bei weitem noch nicht den höchsten Stand erreicht haben. Trotzdem beträgt der Jahresumsatz in der DDR an Geräten, die auf Ferritbauteile angewiesen sind, bereits jetzt mehr als eine Milliarde DM und wird voraussichtlich in einigen Jahren auf ein Mehrfaches angewachsen sein. Es versteht sich von selbst, daß man trotz wachsenden Bedarfs nicht bei den jetzt bekannten Ferritsorten und der bisher erreichten Qualität stehen bleiben darf. Es werden im Gegenteil erhebliche Anstrengungen gemacht werden müssen, um hinsichtlich Forschung, Entwicklung und Produktion mit der modernen Entwicklung Schritt halten zu können. Die Zahl und der Umfang der Aufgaben, die es dabei zu lösen gibt, sind groß. Ich möchte mich speziell auf das Gebiet der Forschung beschränken und einige Probleme nennen, die ich zu den wichtigsten rechne.

Im Gegensatz zu den Metallen, deren Eigenschaften bereits relativ ausführlich untersucht worden sind, bergen die Ferrite noch manches Geheimnis, und unsere Grundkenntnisse über diese Werkstoffe weisen noch ernsthafte Lücken auf. So wissen wir bisher nur sehr wenig über den Einfluß des chemischen und physikalischen Zustandes der Ausgangssubstanzen auf die Eigenschaften der Endprodukte. Im Verlauf einer umfangreichen Untersuchung über die Reproduzierbarkeit bei der Herstellung sogenannter Rechteckferrite für Rechenautomaten wurde z. B. gefunden, daß mit einer bestimmten Modifikation von reinem Eisenoxyd stets sehr gute magnetische Werte zu erhalten sind, während gewisse andere ebenfalls reine Eisenoxyde bei sonst gleicher Technologie schwankende Werte ergaben. Der Grund für dieses Verhalten mag in restlichen Verunreinigungen, in verschiedenen Korngrößeverteilungen, in der unterschiedlichen Kristallstruktur oder Gitterfehlerdichte der Ausgangspulver oder in anderer Richtung zu suchen sein; er ist bisher noch nicht eindeutig geklärt, obwohl diese Klärung nicht nur für die Forschung, sondern auch für die Produktion große Bedeutung hat.

Es ist ferner noch wenig über den Einfluß der Herstellungsbedingungen bekannt. Während die metallischen Werkstoffe größtenteils geschmolzen werden, fertigt man die Ferrite fast ausschließlich durch Sintern gepreßter Pulver. Während des Sinterns, das hohe Temperaturen (im allgemeinen 1200 bis 1500 °C) erfordert, laufen verschiedene Vorgänge ab. Die Pulverkörner wachsen zusammen, z. T. tritt eine Rekristallisation — verbunden mit einer Vergrößerung der Körner — ein, und außerdem vollzieht sich die endgültige Umgestaltung der Gitterstruktur der einzelnen Ausgangsstoffe zum Ferritgitter. Um die Vielfalt der Parameter, die dabei mitspielen können, anzudeuten, möchte ich noch einmal auf Abb. 1 zurückkommen: In der links gezeichneten Elementarzelle eines typischen Ferritgitters sollen die großen Kreise Sauerstoffionen darstellen. Da sie den Hauptvolumenanteil stellen, darf man durchaus sagen, daß die Ferrite im wesentlichen aus Sauerstoff bestehen. Zwischen den Sauerstoffionen gibt es in jeder Elementarzelle 96 freie Stellen, in die andere Ionen (hier schraffiert gezeichnet) eingefügt werden können. Der größte Teil dieser Gitterlücken (72) bleibt normalerweise frei, und nur 24 Lücken werden besetzt. Bei Mangan-Zink-Ferriten werden z. B. zwei verschiedene Sorten von Eisenionen, Zinkionen, zwei oder drei verschiedene Arten von Manganionen und außerdem meist weitere Ionen von Zusatzstoffen eingebaut. Da außerdem zwei verschiedene Gruppen von Gitterlücken vorhanden sind, ergibt sich eine große Vielfalt von möglichen Verteilungen, die im allgemeinen jeweils verschiedene magnetische Eigenschaften zur Folge haben. Es kommt hinzu, daß sich bei den hohen Sintertemperaturen keine strenge Ordnung einstellt und Unregelmäßigkeiten in großer Zahl auftreten, die dann beim Abkühlen eingefroren werden. Außerdem neigen die Ferrite dazu, bei hohen Temperaturen Sauerstoff abzugeben und bei der Abkühlung teilweise wieder aufzunehmen, so daß Reduktion oder Oxydation und damit die überplanmäßige Besetzung von Gitterplätzen oder die Bildung von Leerstellen, aber auch das Entstehen anderer nichtmagnetischer Phasen eintreten kann. Gerade der letzgenannte Vorgang ist wegen seiner schädlichen Auswirkungen auf das magnetische Verhalten sehr unerwünscht, läßt sich aber oft nur schwer vermeiden, wie in Abb. 2 gezeigt werden soll. Hier ist das Eisen-Sauerstoff-Zustandsdiagramm vereinfacht wiedergegeben, wobei nach oben die Temperatur, nach rechts der Sauerstoffgehalt aufgetragen ist. Im schraffierten Gebiet ist der Eisenferrit (Fe_3O_4) stabil, während rechts und links daneben nichtferritische Eisenoxyde auftreten. Die Breite des Stabilitätsbereiches nimmt unterhalb von 800° C so stark ab, daß sie in unserer Darstellung in der Strichdicke liegt. Das bedeutet, daß bei kleinsten Änderungen im Sauerstoffgehalt, wie sie durch Oxydation oder Reduktion leicht eintreten können, unerwünschte weitere Phasen in Form von Ausscheidungen gebildet werden können, was

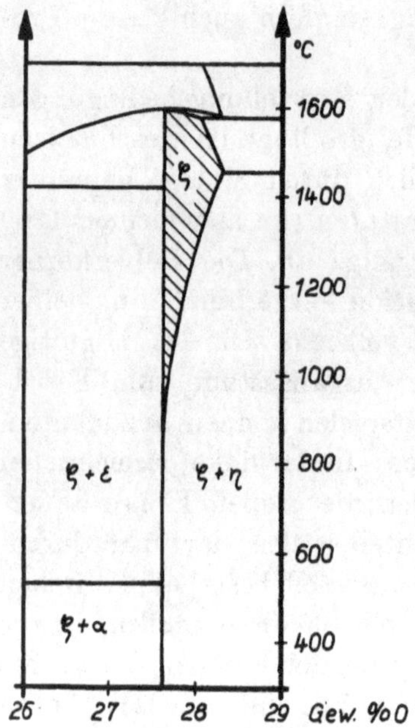

Abb. 2. Ausschnitt aus dem Eisen–Sauerstoff-Zustandsdiagramm. Im schraffierten Gebiet ist der Eisenferrit Fe_3O_4 stabil

meist eine Verschlechterung der magnetischen Eigenschaften zur Folge hat. Die Bildung der Ausscheidung kann durch relativ schnelles Abkühlen unterdrückt werden; dafür ist dann das Material in einem nicht stabilen Zustand. Tatsächlich befinden sich fast alle unsere Ferritwerkstoffe bei Zimmertemperatur nicht im thermodynamischen Gleichgewicht und haben daher das Bestreben, sich (z. T. unter Bildung von Ausscheidungen) umzuwandeln. Dieser Vorgang verläuft wegen der geringen Beweglichkeit der Ionen bei Zimmertemperatur zwar sehr langsam, kann jedoch ein unerwünschtes Altern der magnetischen Eigenschaften verursachen. Es ist also eine dringende Aufgabe, die begonnenen Forschungen über die Ferritbildung und -stabilität fortzusetzen, um unser Wissen erweitern und damit die Voraussetzung für entscheidende Verbesserungen der Eigenschaften schaffen zu können.

Wichtig sind auch Untersuchungen, die sich mit neuartigen Herstellungsverfahren befassen. Man ist im Grunde genommen nicht auf das Sintern angewiesen, zumal im Labormaßstab schon mehrere andersartige Verfahren entwickelt worden sind, wie z. B. das Schmelzen von Ferriten, das Aufdampfen metallischer Schichten mit nachträglicher Oxydation, das Aufspritzen von Lösungen auf erhitzte Platten, das gemeinsame Ausfällen aus Lösungen mit anschließender Formierung des Ferritgitters bei relativ niedriger Temperatur, die elektrolytische Methode und andere mehr. Hier ist auch die Herstellung von Einkristallen zu nennen. Sie hat zwar technisch noch wenig Bedeutung, doch können Überraschungen nicht ausgeschlossen werden, wie uns das Beispiel der Halbleiterfertigung lehrt. In Abb. 3 ist die bekannteste Art der Ferrit-

Abb. 3. Herstellung eines Ferrit-Einkristalls durch Flammenschmelzen

Einkristallherstellung, das sogenannte Flammenschmelzverfahren, gezeigt. Ähnlich wie bei der Produktion künstlicher Edelsteine wächst hierbei der Kristall nach oben in eine Knallgasflammenzone, indem Pulver auf die aufgeschmolzene Oberfläche unter langsamer Absenkung der Kristallhalterung gestäubt wird.

Neben den Fragen, die die Ausgangssubstanzen, die Technologie und die verschiedenen Herstellungsverfahren betreffen, interessieren natürlich besonders stark alle Probleme, die mit Verbesserungen der magnetischen Eigenschaften verbunden sind. Wegen der großen Zahl verbietet sich hier eine Aufzählung, und ich möchte mich auf die Nennung von drei Beispielen beschränken. Die Senkung der Ummagnetisierungsverluste ist für viele Entwicklungen auf dem Gebiet der Hoch- und Höchstfrequenztechnik ein besonderes Anliegen. Bei den kleinen Ferritringen, die als Schalt- oder Speicherelemente in Rechenautomaten verwendet werden, erstrebt man u. a. die Senkung der Koerzitivfeldstärke und der Schaltzeit. Die Erhöhung der Sättigungsmagnetisierung ist, wie ich bereits ausgeführt habe, ein sehr erstrebenswertes Ziel, da sie eine Anwendung der Ferrite bei der Leistungsübertragung möglich machen würde. Alle Wege zur gezielten Verbesserung benötigen als Ausgangspunkt das gründliche Verständnis der jetzigen Eigenschaften. Daher besteht auch hier für die Forschung die vordringliche Aufgabe, unsere jetzigen Kenntnisse zu erweitern und zu vertiefen.

Alle bisher genannten Probleme beziehen sich auf bereits bekannte Stoffe. Man darf aber nicht vergessen, daß die Suche nach völlig neuartigen Materialien von außerordentlicher Bedeutung ist. Die magnetischen Werkstoffe müssen nicht unbedingt Eisen enthalten. Es sind z. B. bereits andere Oxyde bekannt, die ähnliche magnetische Eigenschaften besitzen wie die Ferrite. Der Verwendung solcher bereits bekannten und untersuchten nichtmetallischen magnetischen Stoffe stehen bisher im allgemeinen Schwierigkeiten bei der Herstellung und ungeeignete magnetische Eigenschaften entgegen.

Es ist selbstverständlich unmöglich, alle aufgezeigten Probleme gleichzeitig und eingehend zu bearbeiten. Ich erlaube mir daher nur einige Bemerkungen über den Umfang der Forschung, der mir z. Z. vernünftig erscheint, und über die Art und Weise, wie vorgegangen werden sollte, zu machen. Natürlich verführen solche Zahlenangaben wie die vorhin genannte Milliarde leicht dazu, auch für die Forschung eine wesentliche Steigerung der Aufwendungen zu fordern. Einer solchen Forderung möchte ich nicht zustimmen und im Gegenteil betonen, daß z. Z. eine wesentliche Steigerung der Aufwendungen für die Grundlagenforschung auf dem Gebiet der nichtmetallischen Magnetwerkstoffe nicht ratsam erscheint, weil nämlich gegenwärtig nicht einmal die bereits vorhandenen Forschungsergebnisse in ausreichendem Umfang in die Entwicklung oder Produktion überführt werden können. Das liegt vor allem daran, daß in den Betrieben noch nicht die Voraussetzungen in technologischer und personeller Hinsicht erfüllt sind. Man sollte also zunächst einmal der Industrie Mittel zur Verfügung stellen, damit dort die erforderlichen Voraussetzungen geschaffen werden können. Diese meine Stellungnahme ist im Grunde genommen sogar eine egoistische; denn derjenige, der in der Grundlagenforschung arbeitet, empfindet eine viel größere Befriedigung über seine Tätigkeit, wenn er weiß, daß seine Ergebnisse übernommen und genutzt werden können.

Es ist aber sicher nicht damit getan, der Industrie mehr Geld zu geben. Neue Technologien und qualifizierte Mitarbeiter kann man nicht einfach kaufen, da für ihre Entwicklung bzw. Ausbildung ein langer Zeitraum nötig ist. Daher wird auf Jahre hinaus noch die Notwendigkeit bestehen, daß die Forschungsstellen der Industrie unmittelbar helfen. Wichtig ist dabei die Frage, auf welche Weise eine solche Hilfe am wirkungsvollsten erfolgen kann. Ich glaube nicht, daß ein Forschungsinstitut laufende Qualitätskontrollen ausführen sollte. Ich glaube auch nicht, daß fix und fertig ausgearbeitete Rezepte aus der Forschung an die Produktion gegeben werden können (die Ausführungen beziehen sich natürlich nur auf die Forschung über nichtmetallische magnetische Werkstoffe, nicht auf Entwicklungsarbeiten). Aber ich halte es für wichtig, daß die Forschungsergebnisse der Industrie unverzüglich mitgeteilt werden, und zwar in einer solchen Form, daß ihr grundsätzlicher Gehalt von den Mitarbeitern der Produktion verstanden und gegebenenfalls angewendet werden kann. Natürlich genügt das nicht. Vielmehr wird z. B. bei Schwierigkeiten in der Produktion oft die unmittelbare Hilfe von Forschungsstellen notwendig sein, eine Hilfe, die sich nicht auf gelegentliche Besuche beschränken darf, sondern einen sehr innigen Austausch beider Seiten erfordert, der gegebenenfalls auch in der Form längerer Aufenthalte von Wissenschaftlern in der Produktion und umgekehrt erfolgen sollte. Eine sehr wichtige Maßnahme darf nicht vergessen werden: die Ausbildung geeigneter Kader in den Instituten für die Industrie. Diese Ausbildung läuft in anderen Industriezweigen bereits mit gutem Erfolg, und es sollte zu den wichtigsten Aufgaben der Akademie-Institute gehören, Absolventen von Hoch- und Fachschulen weiter zu qualifizieren und sie dann an ihre Partnerbetriebe abzugeben, damit sie dort mit gründlichen Kenntnissen ihres Spezialgebietes mit gutem Wirkungsgrad ihre Arbeit aufnehmen und zu Akzeptoren für Forschungsergebnisse werden können.

Die eigentliche Forschungsarbeit bleibt selbstverständlich trotz allem die Hauptaufgabe der betreffenden Institute. Aber bei der von mir empfohlenen Konstanthaltung ihres Umfangs müßte die Auswahl der bearbeiteten Themen besonders sorgfältig getroffen werden. Meines Erachtens sind intensive Untersuchungen innerhalb vernünftig gewählter und abgegrenzter Teilgebiete wesentlich aussichtsreicher als der Versuch, das Gesamtgebiet der nichtmetallischen magnetischen Werkstoffe einigermaßen vollständig zu bearbeiten. Selbst bei den vorhin angeführten Problemen wird nicht immer eine erschöpfende Behandlung möglich sein. Das gilt besonders für die Suche nach neuartigen Werkstoffen. Hier wäre Vollständigkeit nur zu erreichen durch nebeneinanderlaufende Untersuchungen an allen möglichen Stoffen. Dazu bedarf es eines riesigen Stabes von Wissenschaftlern und Hilfskräften, der unseren Verhältnissen und Möglichkeiten in Deutschland nicht angemessen ist. Wie sich aber bisher erwiesen hat, kann die Zahl der Stoffe, bei denen eine nähere Prüfung lohnt, durch theoretische Untersuchungen sehr stark eingeengt werden. Für solche und andere wichtige theoretische Arbeiten auf dem Gebiet des Festkörpermagnetismus gibt es z. Z. in der DDR meines Wissens nur einen einzigen theoretischen Physiker. Ich glaube, daß hier eine Verstärkung auf alle Fälle zu befürworten ist.

In der Gegenwart vollzieht sich, wie Prof. Dr. Robert Rompe ausführte, die Entwicklung von der wissenschaftlichen Einzel- zur Gruppenarbeit und ist bereits so weit fortgeschritten, daß der einzelne im allgemeinen auf verlorenem Posten steht. Solche Gruppen können aus mehreren Fachkollegen gebildet sein. Sie können aber auch bei entsprechender Zielsetzung mit Vorteil Vertreter verschiedener Berufe umfassen. Bei der Ferritforschung sollten z. B. Chemiker, Physiko-Chemiker, theoretisch und experimentell arbeitende Physiker sowie Techniker (Keramiker und Elektrotechniker) in den Gruppen vertreten sein. Ansätze zu dieser Arbeitsweise sind vorhanden und haben sich bewährt.

Wenn wir in unseren Forschungsstellen in der skizzierten Art und Weise vorgehen und außerdem der Produktion und der gezielten Entwicklung eine wirksame Unterstützung geben, dann dürfen wir, glaube ich, berechtigte Hoffnung haben, mit der Entwicklung in der Welt auf dem Gebiet der nichtmetallischen magnetischen Werkstoffe Schritt halten zu können.

Prof. Dr. WERNER HOLZMÜLLER

*Direktor am Institut für Plastforschung der Deutschen Akademie der Wissenschaften zu Berlin,
Leiter der Abteilung für Technische Physik
am Physikalischen Institut der Karl-Marx-Universität Leipzig*

KUNSTSTOFFE MIT BESONDEREN PHYSIKALISCHEN EIGENSCHAFTEN

Durch die systematische Forschungsarbeit der Chemiker hat sich die Zahl der in der Technik und im täglichen Gebrauch einzusetzenden makromolekularen Stoffe in den letzten Jahren sprunghaft erhöht. Während die ersten synthetisch hergestellten Harze als Ersatzstoffe für Horn, Bernstein und Elfenbein den Physiker und Chemiker kaum interessierten, sind es jetzt 1. in der Hitze erweichende und zu verarbeitende Massen, 2. hochelastische (kautschukelastische) Werkstoffe, 3. Fasern und 4. filmbildende hochpolymere Substanzen, die sich weite Anwendungsgebiete erobern. Um die in der Literatur und im täglichen Leben herrschenden Unklarheiten und Begriffsverwirrungen zu beseitigen, soll in einer Tabelle zunächst die zu verwendende Nomenklatur erläutert und eine Übersicht über die wichtigsten makromolekularen Stoffe gegeben werden. Dabei sind kennzeichnende Beispiele in Klammern gesetzt.

Tabelle 1. Makromolekulare organische Verbindungen

1. Natürliche makromolekulare Substanzen
   a) Linearkolloide — Faserstoffe (Cellulose, Wolle, Seide)
   b) Sphärokolloide (tierische Leime, Eiweiße, Schellack)
   c) Abgewandelte Naturstoffe
      Textilien (Zellwolle, Viskose)
      Folien (Cellophan)
      Vulkanisierter Kautschuk
      Harze (Galalith)
      Lacke (Nitrocellulose)
      Platten (Vulkanfiber)

2. Synthetisch hergestellte makromolekulare Stoffe **(Kunststoffe)**
   a) Plaste
      Duroplaste (unschmelzbare, heiß verpreßbare Kondensationsprodukte, z. B. Bakelit, Pertinax, Turbax, Harnstoffharze)
      Thermoplaste (in der Hitze erweichende und verspritzbare Polymerisationsprodukte, z. B. Polyäthylen, Polystyrol, Piacryl, PVC)
   b) Elaste
      Vulkanisierbare Polymerisate (Buna-S, Perbunan, Chloropren)
      Nichtvulkanisierbare Polymerisate (Polyisobutylen)
      Sonderelaste (fluor-, bor- und siliciumhaltige Produkte, z. B. Silikongummi und auch Thiokol)

c) Faserstoffe
   Chlorhaltige Polymerisate (PeCe-Faser, Saran)
   Acrylnitrilhaltige Polymerisate (Wolcrylon)
   Therephthalsäureglykolhaltige Polymerisate (Lanon)
   Polyamide (Dederon)
   Polyurethane (Perlon U)
d) Leime
   Epoxydharzhaltige Polymerisate (Araldit)
   Harnstoffhaltige Kondensate (Kaurit)
   Leime auf Basis Polyvinylacetat, Polyvinylalkohol, Polyacrylsäure, Polyurethan (Desmophen und Desmodur)
e) Lacke
   Phenolformaldehydharzlacke (Novolak)
   Glycerinphthalsäurelacke (Glyphthalharz)
   Alkydharze

Der Physiker beschäftigt sich mit den makromolekularen Stoffen in dreierlei Hinsicht:

1. Durch Abwandlung des molekularen Aufbaues gelang es, die Eigenschaften in mechanischer, thermischer, elektrischer und optischer Hinsicht zu verbessern, so daß jetzt die synthetischen Werkstoffe den natürlichen Rohstoffen und Metallen überlegen sind und der Name Kunststoffe nicht mehr die Bedeutung von Ersatzstoffen (Surrogaten) hat.
2. Es gibt eine Reihe synthetisch hergestellter makromolekularer Stoffe mit Eigenschaften, die diese für einzelne Aufgaben der forschenden Physik besonders geeignet erscheinen lassen. Beispiele hierzu sind der Einsatz von Kunststoffen im Reaktorbau, in der Höchstdruckforschung, bei der Herstellung von Strahltriebwerken usw.
3. Der durch das Zusammenwirken von Haupt- und Nebenvalenzbindungskräften entstehende, partiell kristallisierende hochpolymere Körper regt zu speziellen Forschungsarbeiten an. Hier sind zu nennen: das Studium des Relaxationsverhaltens, der Struktur der Körper und der Kinetik ihrer Bildung, die Erforschung der thermischen und elektrischen Eigenschaften, besonders unter Anwendung der Mittel der modernen Höchstfrequenztechnik. Schließlich sind Abbau- und Vernetzungsvorgänge, Polymerisation durch Bestrahlung und Oberflächenveränderungen durch schnelle Teilchen weitere Untersuchungsgebiete für den Physiker. In Lösungen werden Form und Größe der Makromoleküle, besonders in modellmäßiger und statistischer Hinsicht, ermitelt. Daß man jetzt auch Leitfähigkeit und Durchschlag im einzelnen untersucht und mit den Ergebnissen der Halbleiterforschung vergleicht, sei nur am Rande vermerkt.

Tabelle 2. Kunststoffe mit besonderen Eigenschaften

Stoff	Herstellungsverfahren	Anwendung und Besonderheiten
1. Mechanische Eigenschaften		
a) Stoffe kleiner Dichte (ϱ)		
Polyäthylen ($\varrho = 0{,}9-1$)	Nieder- und Hochdruckpolymerisation	Leichtindustrie, Haushalt, Elektrotechnik
Schaumstoffe ($\varrho = 0{,}005-0{,}5$) Piatherm (Harnstoff) Styropor (Polystyrol) Ekazell (PVC) Schaumphenolformaldehydharze	Zumischen von gasabgebenden Stoffen (Erhitzen oder Säurezusatz)	Wärmeisolation — kann in jeden Hohlkörper eingespritzt und kalt verschäumt werden — vergleichsweise große Festigkeit bei Styropor und Ekazell
b) Stoffe hoher Festigkeit (σ_{max})		
Polyamide ($\sigma_{max} \leqq 80$ [kp/mm²]) Polyurethane	Verstreckung	Textilindustrie (Vorliegen starker Nebenvalenzbindungskräfte — Wasserstoffbrücken)
Isotaktische Polymerisate	stereospezifische Polymerisation	
Polykondensate (Turbax)	Einarbeiten von Textilien und Fasern	Maschinenteile, z. B. Zahnräder und Lagerschalen
Epoxydharze Polyester	Einbettung von Glasfasern	Leichtbau, z. B. Autokarosserien
c) Neue Werkstoffe mit kautschukelastischem Verhalten		
Butadienstyrolmischpolymerisate	Tieftemperaturpolymerisation	Leichtindustrie
Acrylnitrilhaltige Polymerisate (Perbunan)		benzin- und ölfeste Schläuche
Stereospezifische Isoprene	Anwendung von Ziegler- und Natta-Katalysatoren	Autoreifen
Fluorhaltige Polymere		(hohe Wärmefestigkeit)
Borhaltige Polymere		Klebtechnik (selbstvulkanisierend)
Vulkollan		Kunstleder hoher Festigkeit (längere Brücken zwischen den einzelnen Makromolekülen)
Polypropylen	Ataktische Polymerisation Isotaktische Polymerisation	kautschukelastischer Werkstoff Textilindustrie
Butylkautschuk		
Schaumgummi	Zusatz von Treibmitteln zu verschiedenen Gummimischungen	Dämpfungskörper, Unterlagen, Polster und Schwämme
Silikongummi		Hochtemperaturanwendung (200 °C)

Tabelle 2 (Fortsetzung)

Stoff	Herstellungsverfahren	Anwendung und Besonderheiten
d) Stoffe hoher Schlagbiegefestigkeit (σ_{Schl})		
PVC hart $\sigma_{Schl} \sim 100$ [cmkp/cm²]		
Schlagfestes Polystyrol σ_{Schl} bis 100 [cmkp/cm²]	Zusatz von 5–15% Butadien	Leichtindustrie, Haushalt
Polyäthylen		die tiefe Einfriertemperatur verhindert spröden Bruch
Polypropylen		
Hartgewebe	Einarbeiten von Gewebebahnen	
Weich-PVC	Verarbeitung mit Weichmachern	Kunstleder
Polyamide		(die Nebenvalenzbindungskräfte – Wasserstoffbrückenbindungen – bedingen zähelastisches Verhalten)
Polyurethane		
e) Stoffe hoher Haftfestigkeit (Klebstoffe)		
Epoxydharze (Araldit) bis 500 [kp/cm²]	Verleimung einschl. Härter	Verklebung von Metall, Glas, Keramik und Preßteilen (Ersatz von Metallverschweißungen und von Lötprozessen)
Polyurethan (Desmophen und Desmodur) bis 400 [kp/cm²]		
f) Stoffe geringer Wasserdampfdurchlässigkeit und geringer Wasseraufnahme		
Polyäthylen		dipolfreie Substanzen zeigen hydrophobes Verhalten
Polystyrol		
PVC hart		kein Kunststoff ist absolut wasserdampfundurchlässig und kann deshalb weder Blei noch anorganisches Glas vollständig ersetzen
Silikonharze		
g) Stoffe hoher Wärmefestigkeit		
Silikonharze bis 500° C	durch stärkere Einpolymerisation von Si erhöht sich die Temperaturbeständigkeit	Turbinen, Motore, Elektroindustrie
Silikonöle		Motore, Vakuumpumpen
Polytetrafluoräthylen (Teflon) bis 300° C	schwierige Polymerisation, nicht einfache Verarbeitung	chemische Industrie, Elektrotechnik (große Bindungsfestigkeit der Fluorderivate)
Polyamide bis 200° C		Textilindustrie, Haushalt (Wasserstoffbrücken verschieben den Erweichungspunkt nach höheren Temperaturen)
Polyäthylen, bestrahlt	Bestrahlung von Äthylen mit schnellen Teilchen	Haushalt, pharmazeutische Industrie
Polyvinylkarbazol bis 150°		Elektrotechnik

Tabelle 2 (Fortsetzung)

Stoff	Herstellungsverfahren	Anwendung und Besonderheiten
h) Stoffe geringer Wärmeleitfähigkeit (λ)		
Schaumstoffe Piatherm Styropor $\lambda \sim 0{,}03$ [kcal/mh°]		Kältetechnik, Wärmeisolierungen (Styropor hat größere mechanische Festigkeit als Piatherm)
Schaumgummi geschäumte Polyamide und andere makromolekulare Schaumstoffe		Fahrzeugbau, Polsterungen
i) Stoffe mit hohem spezifischen elektrischen Widerstand (ϱ)		
Polystyrol $\varrho \geqq 10^{18}$ [Ω cm]		Elektroindustrie statt Bernstein (dipolfrei)
Polyäthylen (Hochdruckpolymerisat)	katalysatorfreie Polymerisation, z. B. durch Bestrahlung	Kabelindustrie (dipolfrei)
Polyisobutylen		Kabelindustrie
Polytetrafluoräthylen (Teflon)		(neben hervorragenden elektrischen Eigenschaften hohe Wärmefestigkeit)
k) Stoffe mit Kriechstromfestigkeit und geringer Oberflächenleitfähigkeit		
Polymethacrylsäuremethylester (Piacryl) Polystyrol Silikonharzlacke		hydrophobes Verhalten
l) Stoffe mit niedriger Dielektrizitätskonstante (ε)		
Schaumstoffe Schaumpolyäthylen Styropor Schaumgummi ($\varepsilon = 1-2$)	Gaseinschäumung	Hochfrequenztechnik (Mischdielektrikum)
Blockpolymerisate Polystyrol $\varepsilon = 2{,}5$		Schwachstromtechnik
Polyäthylen $\varepsilon = 2{,}2$		Kabelindustrie
m) Stoffe mit kleinen dielektrischen Verlusten (tan δ)		
Polystyrol tan δ $1-5 \cdot 10^{-4}$		Schwachstromtechnik (bis 70° einsetzbar)
Polyäthylen tan δ $1-5 \cdot 10^{-4}$		Kabelindustrie (bis 100° verwendbar)
Polyisobuthylen tan δ $2-10 \cdot 10^{-4}$		Kabelindustrie
Polyvinylcarbazol tan δ $5-20 \cdot 10^{-4}$		Schwachstromtechnik (bis 150° einsetzbar)

Tabelle 2 (Fortsetzung)

Stoff	Herstellungsverfahren	Anwendung und Besonderheiten
n) Stoffe hoher Durchschlagsfestigkeit (E_{max})		
Terephthalsäureglykolester (Hostaphon bis E_{max} 100 kV/mm) Polystyrolfolie (E_{max} 65 kV/mm) Polyäthylen E_{max} 60 kV/mm) Polypropylen PVC (E_{max} 50 kV/mm)		Hochspannungstechnik, Kabel, Kondensatoren, Transformatoren
o) Stoffe mit Halbleiterverhalten		
	mit schnellen Teilchen bestrahlte Hochpolymere	noch keine technische Anwendung (zeitliche Inkonstanz der Leitfähigkeit, nur bei tiefen Temperaturen verwendbar)
p) Stoffe mit Lichtdurchlässigkeit		
Polymethacrylsäuremethylester Piacryl		Sicherheitsglas, für Wellenlängen oberhalb 2800 Å durchlässig
q) Stoffe mit großer chemischer Widerstandsfähigkeit		
Polytetrafluoräthylen (Teflon)		Chemische Industrie (selbst in Königswasser unlöslich)
PVC		beständig gegen die meisten Säuren und Laugen
Polyäthylen		nur in der Hitze in aliphatischen Substanzen löslich
Phenolformaldehydharze und andere Lackharze		auf Grund der dreidimensionalen Vernetzung in organischen Lösungsmitteln unlöslich

Wir betrachten zunächst Stoffe, die durch Abwandlung ihrer Zusammensetzung und durch thermische und mechanische Bearbeitung in ihren Eigenschaftswerten wesentlich verbessert wurden. Dabei unterscheiden wir mechanische, thermische, elektrische und optische Beanspruchungen. In den meisten Fällen gelang es, die Forderung der Technik zu befriedigen. In der Tabelle 2 finden wir eine Übersicht über diese modernen Kunststoffe, wobei im einzelnen deren Herstellung, die erreichten Grenzwerte und Anwendungsbeispiele genannt werden.

Während die in Tabelle 2 genannten Stoffe zum Teil in Mengen von vielen tausend Tonnen gefertigt und als Handelsprodukt verkauft werden, braucht der Physiker für extreme Beanspruchungen kleine Mengen sehr sauberer und chemisch einheitlicher Substanzen. Wir betrachten:

1. Kunststoffe im Reaktorbau

Diese müssen strahlungsresistent sein und sollen möglichst hohe Temperaturen aushalten. Als geeignet erweisen sich Polystyrol und andere aromatische, makromolekulare Verbindungen. Die Beeinflussung durch die Strahlung sowohl in bezug auf Vernetzung als auch auf Abbau ist etwa tausendmal geringer als diejenige von Polyäthylen. Man vermutet, daß eine Resonanzabsorption des Benzolringes Strahlungseinwirkungen verhindert. Weiterhin erweist sich Polyisobutylen als widerstandsfähig. Die geringe Wärmefestigkeit der genannten Stoffe muß in Kauf genommen werden, denn die hitzebeständigen Kunststoffe Polytetrafluoräthylen und die Silikone werden bei der Bestrahlung in ihrem mechanischen Verhalten im negativen Sinne beeinflußt.

2. Kunststoffe für kernphysikalische Aufgaben

Es ist bekannt, daß man Epoxydharze und Polyesterharze als Trägersubstanzen für Szintillationszähler verwendet. Wir haben weiterhin in Leipzig Hostaphonfolie (Terephthalat) als Lenardfenster erprobt und sehr gute Resultate erzielt. Ob man hochpolymere Substanzen mit schwerem Wasserstoff schon als Moderator erfolgreich eingesetzt hat, ist mir nicht bekannt.

3. Kunststoffe in der Elektronenoptik

Bei der elektronenmikroskopischen Untersuchung von Oberflächen hat sich die Herstellung von Kontaktfolien, die man durch Überschichten mit monomeren Acrylaten, Polyesterharzen bzw. Epoxydharzen erhält, sehr bewährt. Die Übertragung einzelner Konturen ist vorzüglich, so daß man auch optisch höchstwertige Gitter auf diese Weise kopiert.

Es soll nicht unerwähnt bleiben, daß man Vakuumgummi in modernen Elektronenmikroskopen für Dichtungszwecke weitgehend einsetzt.

4. Kunststoffe in der Vakuumtechnik

Alle makromolekularen Stoffe enthalten von der Fertigung her Katalysator- und Lösungsmittelreste sowie auch noch monomere Bestandteile. Diese niedermolekularen Einschlüsse bestimmen den Dampfdruck und erlauben nicht, ein höheres Vakuum als etwa 10^{-6} Torr zu erzielen. Dabei wird angenommen, daß sich das Vakuumgefäß dauernd an der Pumpe befindet, abgeschmolzene Anlagen mit Kunststoffen im Hochvakuum wurden bisher nicht hergestellt. Durch Blockpolymerisation und Vermeidung von Katalysatoren (Strahlungspolymerisation) dürfte es gelingen, das Verhalten bei extrem niedrigen Drücken zu verbessern. Ein großer Fortschritt wurde schon durch den Einsatz von Weichmachern mit sehr niedrigem Dampfdruck erzielt, braucht man doch in Elektronenmikroskopen für Sonderzwecke nicht versprödende Filme.

5. Kunststoffe in der Hochdruckphysik

Epoxydharze, versetzt mit Quarzmehl, eignen sich für Durchführungen und Dichtungen im Druckbereich bis 10000 Atmosphären. Diese Durchführungen halten Temperaturen bis über 100° aus und dienen zur Einbettung einer Anzahl Kupfer- oder Stahldrähte, die sehr gut gegeneinander isoliert werden.

6. Kunststoffe in der Hochspannungstechnik

Kabel aus Polyäthylen und Polypropylen erweisen sich als durchschlagfest. Diese zum Beispiel in der Röntgentechnik verwendeten Kabel haben nur einen Durchmesser von 10 mm, sind leicht und flexibel und für Spannungsbelastungen bis 100 kV geeignet. In Hochspannungstransformatoren, die keine großen Belastungen erfahren, kann man das Isolieröl, das bekanntlich zur Wasseraufnahme neigt, durch hochwertige, feste makromolekulare Substanzen ersetzen und die Transformatoren viel kleiner und leichter bauen. Weiterhin sind hier Folien aus Hostaphon und Polystyrol zu nennen, die wegen ihrer Durchschlagfestigkeit und leichten Bearbeitbarkeit den schwer zu importierenden Glimmer ersetzen.

7. Kunststoffe zum Einbetten von Bauelementen in der Elektrotechnik

Kaltpolymerisierende Harze, die bei diesem Prozeß weder schwinden noch Risse erhalten, eignen sich zur Einbettung von Spulen, Kondensatoren und anderen Bauteilen. Besonders sind hier Epoxydharze zu erwähnen. Leider zeigte sich, daß durch den Einfluß des Härters die Oberflächenleitfähigkeit von einzelnen Bauelementen, z. B. Transistoren, verschlechtert wird. Vielleicht sind hierzu hochisolierende Gießharze oder selbstvulkanisierende Isomere, z. B. borhaltige Butadienpolymerisate, besser geeignet. Durchsichtige Acrylate und Polyesterharze kommen auch als Einbettsubstanz für biologische Präparate usw. in Betracht.

8. Kunststoffe in Strahltriebwerken

Die moderne Raketentechnik nutzt das geringe Gewicht und die schlechte Wärmeleitfähigkeit der Kunststoffe weitgehend aus. Sie kommen weiterhin als Festkörpertreibstoffe zum Einsatz, verbrennen also mit während der Brennperiode und können dabei auch als Behälter für andere Treibstoffe bzw. für flüssigen Sauerstoff dienen. Stoßartige Belastungen für Instrumente und Elektronenröhren werden durch den Einsatz von Schaumgummi ausgeglichen. Es wird berichtet, daß man Teile des Raketenkörpers aus glasfaserverstärkten Polyesterharzen fertigen kann.

Diese Zusammenstellung erschöpft den Einsatz makromolekularer Stoffe in der Physik keinesfalls. Es sollten im Rahmen dieses Vortrages nur einige charakteristische Beispiele genannt werden. Meist ist es die Aufgabe der Ingenieure und Praktiker, die Kunststoffanwendung zu erproben, während der Physiker sich hauptsächlich mit Grundlagenforschungen, die durch den Aufbau der Kunststoffe aus großen Molekülen bedingt sind, beschäftigt. Es ist unmöglich, alle Ergebnisse, die in den letzten Jahren auf diesem Gebiet erzielt wurden, in einem Vortrag zu behandeln. Ich beschränke mich deshalb auf ein einziges Beispiel.

In Leipzig wurden in einer Reihe von zusammengehörigen Diplomarbeiten die Wechselwirkungen zwischen Struktur und physikalischen Eigenschaften erarbeitet. Dabei wurde gefunden, daß das Röntgenbild, also die DEBYE-SCHERRER-Aufnahme, zwar kristalline Bereiche und Ordnungszustände in bezug auf die Lage der Atome anzeigt, aber Anisotropien, die durch bevorzugte Richtungen von Hauptvalenzbindungskräften entstehen, nicht nachweist. Es wurden Untersuchungen der Wärmeleitfähigkeit und der Schallausbreitung in verstreckten makromolekularen Körpern durchgeführt. Es zeigte sich, daß sowohl die Wärmeleitfähigkeit als auch die Schallgeschwindigkeit in Richtung der Molekülachsen etwa 4- bis 10mal größer sind als senkrecht dazu. Die Versuche haben nicht nur technische Bedeutung zur Ermittlung des Verstreckungsgrades und des Wärmeflusses bei der Verarbeitung, sondern sie können auch zur Deutung des Festigkeitsverhaltens herangezogen werden. In einer zusammenfassenden Arbeit in der Zeitschrift „Plaste und Kautschuk" wird über diese Untersuchungen berichtet, so daß hier dieser Hinweis genügen dürfte.

Zusammenfassung

Makromolekulare Körper finden immer stärkeren Eingang in Industrie und Technik. Der Chemiker sah seine Aufgabe in der Erforschung der Zusammensetzung, also der Plastanalytik, der Polymerisation und Kondensation. Dabei wurden die Bearbeitungstechnik, die Verbesserungsmöglichkeiten der physikalischen Eigenschaften und die konstruktiven Gesichtspunkte bei dem Einsatz etwas vernachlässigt. So muß man feststellen, daß die Plasterzeugung in der DDR durchaus den Weltstand erreicht hat, daß aber die Verarbeitungstechnik noch sehr viel aufzuholen hat. Es ist deshalb zu begrüßen, daß die physikalischen Forschungsmethoden auf dem Gebiet der Kunststoffe stärker gefördert werden.

Prof. Dr. HANS FRÜHAUF

SCHLUSSWORT

Wir sind am Ende unserer zweitägigen Tagung über die wissenschaftlichen Grundlagen der modernen Technik angelangt. Ich habe nicht die Absicht, Sie mit einem langen Schlußwort aufzuhalten; aber es scheint mir doch notwendig, eine Einschätzung zu geben und auch über die weitere Perspektive, d. h., über die Perspektive des Gebietes, das wir gestern und heute behandelt haben, etwas zu sagen. Zunächst sei festgehalten, solche Veranstaltungen sind unbedingt weiterzuführen. Denn ich glaube, wir haben alle den gleichen Eindruck gewonnen: Die relativ gute Beteiligung — unter Berücksichtigung, daß ein ausgewählter Kreis eingeladen war, — zeigte, daß es notwendig ist, solche Veranstaltungen durchzuführen, daß hierfür ein echtes Bedürfnis vorliegt, und mit Recht wurde deshalb auch der Wunsch geäußert, ähnliche Veranstaltungen auch auf anderen Gebieten vorzubereiten und durchzuführen, zum Beispiel über Kontaktwerkstoffe und über spezielle Probleme der Mathematik und Technik.

Ich möchte allen danken, die hier erschienen sind, ich möchte aber auch den Dank aussprechen allen denen, die es uns ermöglicht haben, daß wir uns hier zusammenfinden konnten. Hier gilt der Dank vor allem den Stellen, die uns letzten Endes die Mittel gaben und geben, mit denen wir forschen und arbeiten können. Wir danken auch denen, die es uns ermöglichen, die wissenschaftlichen Erkenntnisse, die wir als Ergebnis unserer Arbeit erzielt haben, zur Anwendung zu bringen.

Einiges sollte noch zur Vorgeschichte des Entstehens dieser zweitägigen Tagung gesagt werden. Als der Vorstand der Forschungsgemeinschaft sich mit dieser Frage befaßte, bestand unsere Forschungsgemeinschaft bereits drei Jahre. Hier sei mir ein kurzer Rückblick gestattet. Warum wurde damals die Forschungsgemeinschaft der Akademie gegründet? Ursprünglich war die Akademie — so möchte ich es einmal nennen — ein Sammelpunkt wissenschaftlicher Institute, die, weit zerstreut, jedes Institut auf seinem speziellen Gebiet, außerordentlich gute wissenschaftliche Arbeit leisteten, jedoch war die Verbindung von Institut zu Institut nur eine relativ recht lose. Es war ein Zustand, wie er auch heute noch zwischen einer Reihe von großen Komplexen besteht und der Veränderung gebot.

Aus diesem Grund war vor etwa dreieinhalb Jahren die Forschungsgemeinschaft geschaffen worden, die sich ihrer Bestimmung gemäß mit Problemen der wissenschaftlichen Forschung zu befassen hatte. Ich glaube, ich habe in meinem gestrigen Vortrag, den ich zu einem speziellen Gebiet gehalten habe, mit genügender Deutlichkeit zum Ausdruck gebracht, daß es dringend notwendig ist, Forschung zu betreiben, daß aber diese Forschung nur sinnvoll ist, wenn ihre Ergebnisse eines Tages auch zur Anwendung kommen.

Hier möchte ich Bezug nehmen auf einige Diskussionsbeiträge, die heute gegeben wurden, vor allem auf den Beitrag von Herrn KRAHL, der sich auf solche Fragen bezog, die ich eben angeschnitten habe. Es schien zunächst ein gewisser Widerspruch zu herrschen, da die Auffassung vertreten wurde, daß man die Forschung auf gewissen Gebieten doch lieber zurückstellen solle, um dafür der Produktion das nötige Geld zukommen zu lassen. Das wurde geklärt, und die betreffenden Redner haben eigentlich — sowohl Dr. ANDRÄ als auch Herr KRAHL — nur eine verschiedene Sprache gesprochen, in Wirklichkeit meinten sie beide dasselbe. Ich möchte es an einem Beispiel so ausdrücken: Die Wissenschaft, die Forschung muß sein, die Produktion muß sein, und eine Stelle, die die Überführung der wissenschaftlichen Ergebnisse in die Produktion durchführt, muß auch sein; eines kann ohne das andere nicht existieren. Man braucht einen ganzen Anzug — da muß die Wissenschaft sein, die Überführung der wissenschaftlichen Ergebnisse in die Produktion muß gesichert sein und die Produktion muß reibungslos laufen.

Eines haben diese zwei Tage auch eindeutig ergeben, und darüber waren wir uns im klaren: In zunehmendem Maße findet eine Durchdringung, ich möchte sagen, sogar der einfachsten Produktion mit wissenschaftlichen Erkenntnissen statt; das spielt eine außerordentlich große Rolle und gilt speziell in bezug auf die Erkenntnisse der Mathematik und der Physik. Wir haben uns dieses Mal mit dem Maschinenbau befaßt und in den letzten Vorträgen auch mit einigen Problemen der Chemie. Die Notwendigkeit gegenseitiger Durchdringung verlangt, daß nun gewisse Schlußfolgerungen gezogen werden, und zwar sowohl vom Wissenschaftler als auch vom Praktiker. Der Wissenschaftler ist interessiert daran, daß seine Erkenntnisse und Ergebnisse in die Praxis eingeführt werden, der Praktiker ist interessiert daran, sich die wissenschaftlichen Erkenntnisse anzueignen. In einer solchen Tagung kann beides geschehen. Das ist der Sinn einer solchen Tagung.

Wir haben uns zusammengefunden, um diese Verbindung noch weiter zu festigen. Die Folgerung, die wir aus dieser Tagung ziehen sollten, kann deshalb nur die sein: Wissenschaftlern und Praktikern sind neue Aufgaben gestellt. Der Wissenschaft möchte man zurufen: Geht zu den Praktikern und gebt ihnen die Erkenntnisse und Ergebnisse bekannt und helft ihnen, sie in der Praxis anzuwenden; an die Praktiker möchte man appellieren: Laßt euch durch den Wissenschaftler beraten und zeigt ihnen eure Probleme!

Das ist das, was wir wollen. Das ist das große Kollektiv, das zusammenwachsen muß und dem wir praktisch durch unsere Tagung Förderung angedeihen lassen.

Es sind also ungefähr drei Jahre vergangen, bis wir uns zu einer solchen Tagung entschlossen haben. Es könnte nun jemand sagen, wir haben reichlich lange gewartet! Doch es ist in den drei Jahren außerordentlich viel geschehen. Weder die Institute noch der Vorstand, der diese Tagung veranlaßt hat, waren untätig, um die Institute zueinander zu bringen, um den Austausch der Gedanken auf den verschiedenen Gebieten mit der Industrie zu fördern und damit die Verbindung mit der Industrie und Praxis zu stärken. Ich möchte nur daran erinnern, daß wir anläßlich des 10. Jahrestages der Gründung der Deutschen Demokratischen Republik in Berlin und Leipzig Ausstellungen durchführten und dort der Öffentlichkeit gezeigt haben, wie groß die Verbindung mit der Praxis bereits ist und welche praktischen Ergebnisse erzielt worden sind. Ich glaube, dafür sind gestern und auch heute eine Reihe von Beispielen genannt worden. Ich möchte auf die Vorträge von Hrn. EISENKOLB und seiner Mitarbeiter verweisen, die eindeutig und klar gezeigt haben — und drüben in der Ausstellung liegen die realen Belege dafür —, daß die Verbindung zwischen der wissenschaftlichen und der praktischen Seite sehr real vorhanden ist. Das ist natürlich nur ein Beispiel. Obwohl eine Anzahl von Instituten sehr enge Verbindungen mit der Praxis haben, scheint mir dennoch eines deutlich in Erscheinung getreten zu sein: Wir stehen auf einer Reihe von Gebieten zwar wissenschaftlich auf einem sehr hohen Niveau, und in der Produktion haben wir auf gewissen Gebieten ebenfalls gute Erfolge aufzuweisen. Die Stellen aber, die die Überführung der wissenschaftlichen Erkenntnisse in die Entwicklung, in die Konstruktion und dann in die Produktion durchführen sollen, die sind immer noch der schwächste Teil. Diese Stellen habe ich anderen Orts einmal als die Nahtstellen bezeichnet. Ich bin heute noch der Meinung, daß eben an diesen Nahtstellen — ich möchte das ruhig aussprechen — nicht alles so funktioniert, wie das notwendig ist. Das ist eine ernste Situation, eine Situation, von der Entscheidendes abhängt. Ich gestattete mir deshalb in meinem Vortrag die Bemerkung, daß die Arbeit an den Nahtstellen unbedingt und intensiv verstärkt werden muß. Das ist wirklich das Gebot der Stunde. Deshalb verstehe ich auch Dr. ANDRÄ, wenn er gesagt hat, „was nützt unsere Wissenschaft, in der wir zum Teil schon auf einigen Gebieten den Weltstand erreicht haben und diesen vielleicht in einigen Zweigen sogar überholt haben, wenn sie nur im Labor schlummert!" Er hat recht; wenn wir fünf Jahre warten mit der Überführung, ist der Weltstand ein anderer und dann ist es zu spät für uns, und die viele Arbeit war umsonst, und viel Geld und Aufwand an Menschen war nutzlos vertan. Deshalb möchte ich an die Institute und an die Industrie die Bitte richten, daß wir uns enger zusammenschließen, daß wir so, wie wir heute zusammensitzen und über eine Reihe von

Fragen gesprochen haben, auch außerhalb einer solchen Tagung zueinanderfinden und unsere Probleme beraten.

Ich kann den Herren von der Industrie oder anderen Stellen, die sich mit der praktischen Seite befassen, versichern, daß der Vorstand der Forschungsgemeinschaft ebenso wie sämtliche Institute und Wissenschaftler, die in den Instituten beschäftigt sind, jederzeit ein offenes Ohr haben und für jede Frage empfänglich sind und nur darauf warten, daß wir unsere gemeinsamen Probleme lösen können.

Ich möchte andererseits allerdings auch darauf aufmerksam machen, daß die Situation nicht so ist, wie man sich es gelegentlich vorstellt, daß in den Instituten — ich möchte das etwas metaphorisch ausdrücken — die Wissenschaftler wie die Vögel auf der Stange sitzen, und warten, bis jemand sie herunterpfeift. So ist das nicht, sie sind intensiv beschäftigt. Aber wenn dringende Probleme auftreten, gibt es immer Möglichkeiten, sich gemeinsam an ihre Lösung zu machen.

Ich möchte darum bitten, daß das, was Hr. ROMPE in seinen einführenden Bemerkungen gesagt hat, nämlich, daß eine kollektive Arbeit erforderlich ist, jetzt in dem großen Kreis, den wir darstellen, insbesondere als Forschungsgemeinschaft, in gemeinsamen Anstrengungen in die Tat umgesetzt wird. In dieser Forschungsgemeinschaft sind jetzt immerhin 8500 Menschen vereinigt in einem Komplex von ungefähr 70 Instituten. Das ist ein so großer Komplex, wie er — das kann man ruhig hier aussprechen — in Europa nicht noch einmal existiert. Von den Potenzen eines solchen Komplexes muß man Gebrauch zu machen wissen.

Das waren einige Folgerungen, die wir, glaube ich, ziehen müssen. Selbstverständlich werden wir im Vorstand der Forschungsgemeinschaft über diese Probleme ausgiebig weiter beraten. Wir werden diese Tagung auch auswerten, um für weitere Konferenzen dieser Art die gemachten Erfahrungen nutzbringend anwenden zu können.

Ich darf mich auch kritisch äußern zur Diskussion, wobei ich lediglich meinen persönlichen Eindruck wiedergebe. Nicht alle Diskussionsbeiträge entsprachen unseren Erwartungen.

Wir erwarten kritische Diskussionen, Rede und Gegenrede und nicht präparierte Beiträge, wie sie die heutige Tagung auch brachte. Es schadet gar nichts, wenn es hin und wieder ein bißchen schärfer zugeht, das Ergebnis ist immer von praktischem Wert, weil dann nämlich Fragen, die offen stehen, vielfach befriedigend beantwortet werden.

Ich möchte an Sie alle appellieren, nehmen Sie die guten Ergebnisse unserer Konferenz als Hinweis für die weitere Arbeit, für ein weiteres Zusammenarbeiten zwischen Wissenschaft und Technik. Kommen Sie zu uns — wir werden zu Ihnen kommen. Und wenn das geschieht, glaube ich, ist der Zweck einer solchen Veranstaltung, in der wir uns zwei Tage zusammengefunden haben, erreicht.

MIX
Papier | Fördert gute Waldnutzung
FSC® C083411

Zeitfracht Medien GmbH
Ferdinand-Jühlke-Straße 7
99095 Erfurt, Deutschland
produktsicherheit@kolibri360.de